U0170830

中国茶文化精品文库

茶室

王金平　殷剑◎总主编
梁轶奎◎编著

中国旅游出版社

项目策划：段向民
责任编辑：孙妍峰
责任印制：孙颖慧
封面设计：武爱听

图书在版编目（CIP）数据

茶室 / 梁铁奎编著. -- 北京 : 中国旅游出版社，2022.1
（中国茶文化精品文库 / 王金平，殷剑总主编）
ISBN 978-7-5032-6846-5

Ⅰ. ①茶… Ⅱ. ①梁… Ⅲ. ①茶文化—中国 Ⅳ. ①TS971.21

中国版本图书馆CIP数据核字（2021）第247341号

书　　名：茶室

作　　者：梁铁奎
出版发行：中国旅游出版社
（北京静安东里6号　邮编：100028）
http://www.cttp.net.cn　E-mail:cttp@mct.gov.cn
营销中心电话：010-57377103，010-57377106
读者服务部电话：010-57377107
排　　版：北京旅教文化传播有限公司
经　　销：全国各地新华书店
印　　刷：三河市灵山芝兰印刷有限公司
版　　次：2022年1月第1版　2022年1月第1次印刷
开　　本：720毫米×970毫米　1/16
印　　张：7.25
字　　数：80千
定　　价：59.80元
ISBN　978-7-5032-6846-5

前　言

本书讲述如何设计茶室的雅致环境、氛围，以及通过在这一特殊环境中的品茶、会友等活动，提升自己的修养、品格。茶席、茶道、茶艺、品茶都在这个简单朴素的空间里进行。喝茶，喝的不单单是一种滋味，更多的是品一种心情。有和谐的环境搭配，让茶、器、空间、声音、泡茶完美融合才好。本书引入当下流行的词汇，突出时尚流行感。如茶席搭配、设计，茶器欣赏（铁壶、银壶、建盏、金属茶托等），茶器搭配，品香、插花等。

书中难免有不足和不当之处，恳请专家和学者批评指正。

梁铁奎

2021 年 9 月

目 录

中国茶文化简介

茶文化是一种大众生活文化，是人们喝茶品茗的方式、习俗以及各种情趣与感悟。在我国，茶文化密切地联系着禅佛文化、道文化等。喝茶本身所需的茶室、茶器、名茶在不同阶层、不同职业的人群中，形成了不同的茶情、茶趣和茶感悟，同时也成为文化与思想碰撞的载体。而茶室设计又间接地体现了喝茶品茗的文化和思想。因此，茶室设计承载着茶室的功能需求和人的精神需求，茶室设计被赋予禅宗的精髓、道教的本源、儒家的底蕴，在儒雅清新中净化心灵，为现代高效率、快节奏的生活打造另一个慢生活空间，为人的精神生活开辟一个专属于自己的宁静世界。

一、茶和茶文化的发展轨迹

中国茶文化作为中华优秀传统文化的重要组成部分，是中国文化走向世界的起点之一。

从茶的发现到普遍于生活之中，有四千多年的历史，并且长盛不衰、享誉全球。关于茶的起源，至今仍是众说纷纭。追溯中国人饮茶的起源，有的认为起于上古，有的认为起于周，起于秦

汉、三国、南北朝、唐代的说法也都有，造成众说纷纭的主要原因是因唐代以前无“茶”字，而只有“荼”字的记载，直到《茶经》的作者陆羽，方将“荼”字减一画而写成“茶”，因此有茶起源于唐代的说法。其他则尚有起源于神农、起源于秦汉等说法。茶始于神农氏，源于茶圣陆羽的《茶经》记载，这是有关中国饮茶起源最普遍的说法；茶起源于西周说，其主要根据晋代常璩撰写的《华阳国志·巴志》中一段有关古代巴国历史和物产纳贡的记载，表明在西周初期巴国已将茶叶作为贡品纳贡。西汉王褒的《僮约》中有“武阳买茶”和“烹荼尽具”的描写，三国时期《广雅》中最早记载了饼茶的制法和饮用：“荆巴间采叶作饼，叶老者饼成，以米膏出之。”从西汉到隋朝，茶叶相关的文字记载渐次增多，茶叶成为一种文化的趋势越来越明显，这一时期可以视为中国茶文化的发轫期或肇始期，唐宋时期的繁荣贸易使其走向兴盛，在明清时期，茶与茶文化已经得到了较为全面的发展和普及。茶文化对传统文化的影响广泛，涉及传统艺术、服饰、图案、诗词书画、文学、医药、饮食等多个领域，包含了文学、政治、史学、宗教、经济等全方面的文化内容。

茶叶在早期被人们当作祭品；然而从春秋后期至西汉初期，茶开始被作为菜食；到西汉中期，茶成长为药食两用；直至三国时代，茶在官员、皇室等上层社会中成为一种代表身份地位的饮品，深受欢迎和喜爱；唐宋乃至明清时期，茶已经成为布衣百姓的日常饮品。此后，茶不仅在华夏大地上熠熠生辉，作为带有独特文化韵味的中国符号，还深深地影响了亚欧大陆地区茶文化的发展。时至今日，茶已成为人们日常生活中不可或缺的一个部分，同时也成为世界三大健康饮品之一，足迹遍布全球。

新鲜的茶芽

二、茶文化的形象表述——茶艺

各地的喝茶习俗与文化有着各自的特色，不同的饮茶习俗也体现着不同地区、民族和国度之间不同的思想观念和文化特点。茶文化的内容较为广泛，门类纷繁多样，茶艺也是茶文化的精髓和典型的物化形式。

茶艺，即泡茶的技艺和品茶的艺术，更强调有形的部分，是泡茶的动作、茶器、礼仪或是茶叶知识的外在表现。它以茶为核心，把礼仪艺术、设计艺术、环境艺术、装饰艺术、服饰艺术、表演艺术、民族工艺等多样艺术元素联系在一起，为人们开辟了一个意境深邃、别具一格的审美空间，营造了一个有民族传统工艺特色的美学氛围，吸引人们进入一个不同于大众艺术的美学境界，让人们享受到更为高尚的美学。

宋代点茶

斟茶茶艺

三、茶文化的社会功能与文化价值

茶文化涉及的内涵极为丰富，物质、精神都包含其中，因此中国茶文化在其发展历史中被挖掘的社会功能和文化价值也必定是多方面的。传统的茶文化与人们日常生活向来关联密切，所以不管是文人意境中的“琴棋书画诗酒茶”，还是寻常百姓家中的“柴米油盐酱醋茶”，茶都是不可或缺的。

伴随着茶文化的快速发展，其功能价值也在日益凸显，茶文化涵养了中国人的社会生活方式和文化性格，人们的日常生活与茶相关的包括：以茶会友，以茶联谊，以茶示礼，以茶代酒，以茶倡廉，以茶表德，以茶为模，以茶养性，以茶为媒，以茶祭祀，以茶坐禅，以茶作诗，以茶作画，以茶歌舞，以茶献艺，以茶旅游，以茶做菜，以茶为食，以茶设宴，以茶健身，以茶制药。中国传统礼仪文化也在茶中有鲜明体现，有传颂至今的卢仝的《走笔谢孟谏议寄新茶》，白居易的《夜闻贾常州崔湖州茶山境会亭欢宴》等诗文。古时皇族宫廷以茶赐群臣，宣示恩宠；士子文人互寄新茶，寄托诗文情思 ；亲朋好友相互馈赠茶礼，联络彼此感情。

茶叶本身含有咖啡碱、单宁、茶多酚、蛋白质、碳水化合物、游离氨基酸、叶绿素、胡萝卜素、维生素 A 原、维生素 B、维生素 C、维生素 E 以及无机盐、微量元素等 400 多种成分，有止渴生津、消食降脂、润肺化痰等方面的功效，有利于人们的身体健康；更有醒脑明目、放松精神、激发灵感等方面的作用，有益于人们的心理和精神健康。

茶文化促进了中华民族融合和文化认同。从唐代起，中原的茶叶和茶文化已经向吐蕃、回鹘等边疆塞外的少数民族地区传播。北宋政府为了增加朝廷税收、获取充足的作战马匹，同时巩固和强化同各民族之间的联系，推出了榷茶和茶马贸易政策。中原的羹饮、团饼茶等早期的茶叶使用和制作方式被各民族传承、吸收和转化，创造了各具特色的奶茶、甜茶、酥油茶等新的特色饮品。以茶为媒，促进了各民族广泛交往、交流、交融，中华民族多元一体格局在茶文化中有了鲜明的体现。

中国茶文化深刻影响了全球茶文化的发展。从唐代开始，中

国的茶叶和茶文化向东传播到朝鲜半岛和日本，向西传播到波斯（今伊朗）、阿拉伯、天竺（今印度）等地区，向南传播到安南（今越南）等东南亚地区。从 17 世纪开始，荷兰、英国、俄罗斯、美国等国家与中国开展大规模茶叶贸易，中国茶文化进一步传播到欧洲、北美洲，进而遍及全球。世界各国在充分汲取中国茶文化价值的基础上，结合不同民族的文化基因，孕育和发展了各具特色的茶文化，如日本茶道文化、韩国茶礼文化、英式下午茶文化、俄罗斯茶炊文化、美国冰茶文化等。

皇帝以茶宴请群臣——《文会图》局部

源于中国的日本茶道

中国茶文化是中国传统文化的重要组成部分，其悠长的历史和丰富的内涵对社会文明的进步、经济总量的增长有着极大的促进作用。它既是历经数千年发展演变而成的独特的文化模板，又是各个民族、不同社会层次的文化、思想整合而成的文化体系。中国茶文化积厚流光，内涵丰富，包罗中国的文化、经济、社会、生活等多方面的内容，并且涉及世界的哲学、社会学、文艺学、宗教学等各类学科。中国茶文化在漫长的历史长河中不断积淀发酵，变得愈加深沉和凝重。

四、茶文化的未来发展

随着中国经济的快速发展，人民的物质生活得到了显著改善，物质文明的发展更是改变了人的精神生活。然而，在这快节奏的现代文明里，人们生活、工作等各方面的压力也逐渐增加。因此，人们对清静空间的追求就成为社会发展的一个必然趋势，人们需要脱离城市生活的纷扰，为自己寻求一方宁静的空间和一份平静的心态。茶文化研究事业也呈现出欣欣向荣的态势。茶文化与人文社会科学各学科领域的交叉融合不断加深，也由此延伸出了一些新的交叉边缘学科或领域。例如，茶社会学、茶道文学、茶艺术学、茶俗学、茶美学、茶道哲学等，均是近年来新兴的茶文化学科分支领域。

借着中华文化复兴与文化自强的东风，随着智慧经济、文化经济、数字经济的迅猛发展，茶文化产业化开发利用也取得了良好的成效。产生了“茶文化产业”“茶文化创意产业”等新概念、新理论。茶产业也因此焕发新的生机，衍生出新的产品。如新式茶饮、茶文化特色小镇等，获得了很多年轻人的青睐。同时茶文化逐渐年轻化已成为大趋势。

新式茶饮

大巴山茶文化小镇

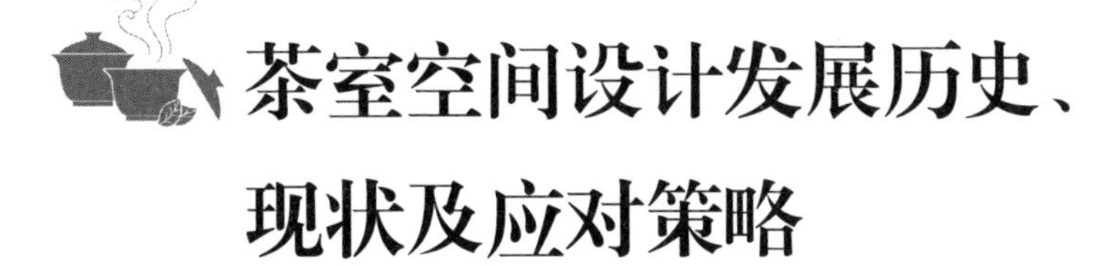

茶室空间设计发展历史、现状及应对策略

一、中国茶室空间设计的发展历史

茶席的历史起源于我国唐朝，大唐盛世，四方来朝，威仪天下（本来茶摊才是历史记载中最早的茶室形态，但考虑到茶摊更加具有商业价值，故在此只是简略提及）。

茶室的历史，由唐代开始记载茶席的历史背景下，由一群出世山林的诗僧与遁世山水间的雅士，开始了对中国茶文化的悟道与升华，从而形成了以茶礼、茶道、茶艺为特色的中国独有的文化符号。至宋代，茶席不仅置于自然之中，宋人还把一些取型捉意于自然的艺术品设在茶席上，将插花、焚香、挂画与茶一起合称为“四艺”，常在各种茶席间出现。宋代形成了文人的风雅、皇室的奢华、民间的质朴、寺院的清淡，这个时候的茶室已经具备了丰富的社会功能。而在明代茶艺行家冯可宾的《茶笺·茶宜》中，更是对品茶提出了十三宜：无事、佳客、幽坐、吟咏、挥翰、

徜徉、睡起、宿醒、清供、精舍、会心、赏览、文童，其中所说的“清供”“精舍”，指的即是茶席的摆置。明清时期的茶室得到了广泛的普及和大众的认可，同时品茶馆的功能也更加丰富。茶室在晚清到民国初年这一段时间依旧兴盛，但是经历了战争的磨难和打击之后，开始淡出人们的视线，而茶室的复兴是从20世纪80年代开始。

二、日本茶室空间设计的发展历史

茶文化起初是由唐代僧人东渡日本带去的，形式上有“禅意”，随着茶文化的传播，日本的民众与上层社会都流行起了饮茶的风尚，并把禅意发挥得更加浓厚，“茶道”由此而生。

日本最早的茶是9世纪初由中国传入的。日本茶道宗师千利休将茶道与禅宗文化结合，为茶道建立了独立的茶室。这种茶室建立之初看起来非常简陋狭小，但茶具的朴拙与庭院的简洁充分体现了禅宗中的和谐、宁静、枯寂的禅意之美。现在日本茶道所尊崇的思想核心是四则：和、敬、清、寂。日本茶室的设计精髓也是以这个思想核心展开的。

1472年，幕府将军足利义政在东山建立“东求堂”和“同仁斋”，这是日本最早的茶道茶室“书院茶”。

13世纪，中国的禅师兰溪道隆、无学祖元等东渡日本。

15世纪中日之间的贸易给日本带来了一个纷繁缭乱的茶时代。

德川幕府时代，17世纪最开始的200年内，中国明朝政府更迭，由于政治原因东渡的明朝移民朱舜水，将明代的建筑工艺、建筑规划等带入日本，为日本茶室建筑风格的设计做出巨大贡献。

三、茶室空间设计的现状及应对策略

茶文化是中国传统文化的组成部分，而茶室空间设计更是以中国传统文化为核心。茶文化为茶室空间设计提供了设计理念指导，同时茶室空间设计是茶文化的外在体现。二者之间存在着密不可分的联系，相辅相成，彼此影响。

（一）茶室空间设计的现状——茶室设计的乱象

如今，社会的发展与物质的繁荣多以牺牲生态环境和传统文化为代价，茶室空间设计亦然。例如，有些现代茶室设计就存在过度休闲、金钱奢靡的现象，商业化气息浓烈。从某些方面来说，此种设计方式存在着杂乱、脱离茶道文化精神的问题。同时诸多茶室空间设计的创新案例也并没有很好地发扬我国传统茶文化。

同时，在与其他文化交融的过程中也存在着不协调的问题，例如：在典型式样——日本茶室的设计中，场所的装饰有着极大的象征作用，我们可以把它看作“借来之物”的象征意义。茶自唐朝传入日本，日本茶道受中国茶文化的浸润，并深入融合了禅宗思想。在日本茶室中，装饰力求简洁，运用不对称的美学原理，避免出现同样的主题、形状、颜色，这体现出禅宗里“空寂”“无常”的思想。

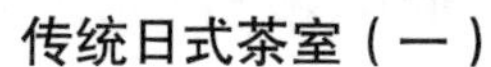

传统日式茶室（一）

传统日式茶室（二）

（二）茶文化在现代茶室设计中的应用策略

我们对茶文化的传承和创新任重道远，需要不断探索。在探索的过程中，我们必须坚持科学发展的观点，在传统文化中汲取养分，并将其巧妙地运用在现代茶文化空间设计中。只有这样，才能满足现代人品茗的需求，展现出中华茶文化精粹，做到将茶文化与空间设计紧密地融合在一起，以实现对我国传统茶文化的传承和创新。对于传统茶在现代茶室设计中的应用，我们需要注意以下几点：

1. 文化精神

（1）物质与精神的结合。茶作为一种物质，它的形体是千姿百态的，茶作为一种文化，又有着深邃的内涵。唐代诗人卢仝认为饮茶可以进入“通仙灵”的奇妙境地；韦应物誉茶“洁性不可污，为饮涤尘烦”；宋代苏东坡将茶比作“从来佳茗似佳人”；宋代杜耒说茶是“寒夜客来茶当酒”；明代顾元庆谓“人不可一日无茶”；近代鲁迅说品茶是一种“清福”；伟大的德国科学家爱因斯坦组织的奥林比亚科学院每晚例会，用边饮茶休息、边学习议论的方式研讨学问，被人称为“茶杯精神”；法国大文豪巴尔扎克赞美茶：“精细如拉塔基亚烟丝，色黄如威尼斯金子，未曾品尝即已幽香四溢”；日本高僧荣西禅师称茶：“上通诸天境界，下资人伦”；英籍华裔女作家韩素音说“茶是独一无二的真正文明饮料，是礼貌和精神纯洁的化身”。俗话说：“衣食足而后礼义兴。”随着物质的丰富、精神生活的提高，必然促进文化的高涨，当前世界范围内出现的茶文化热，就是很好的证明。

（2）高雅与通俗的结合。茶文化是雅俗共赏的文化，在它的发展过程中，一直表现出高雅和通俗两个方面，并在高雅和通俗的统一中向前发展。历史上，宫廷贵族的茶宴，僧侣士大夫的斗茶，文人墨客的品茗，是上层社会高雅的精致文化。由此派生有关茶的诗词、歌舞、戏曲、书画、雕塑，又是具有很高欣赏价值的艺术作品，这是茶文化高雅性的表现。而民间的饮茶习俗，又是非常通俗化的，老少咸宜，贴近生活，贴近百姓，并由此产生了茶的民间故事、传说、谚语等，这是茶文化的通俗性所在。但精致高雅的茶文化，是植根于通俗的茶文化之中的，经过吸收提炼，上升到精致的茶文化。如果没有粗犷、通俗的民间茶文化土壤，高雅茶文化也就失去了生存的基础。

（3）功能与审美的结合。茶在满足人类物质生活方面，表现出广泛的实用性。在中国，茶是生活必需品之一，食用、治病、解渴，都需要用到茶。而“琴棋书画烟酒茶”，使得茶又与文人雅士结缘，在精神生活需求方面，表现出广泛的审美性。茶叶花色品种的绚丽多姿，茶文学艺术作品的五彩缤纷，茶艺、茶道、茶礼的多姿多彩，都能满足人们的审美需要，它集装饰、休闲、娱乐于一体，是艺术的展示，又是民俗的体现。

（4）实用与娱乐的结合。茶文化的实用性，决定了茶文化的

功利性。随着文化的发展，茶的利用已渗透到多种行业。近年来出现了多种形式的茶文化活动。如茶文化节、茶艺表演、茶文化旅游、茶文化休闲等，就是以茶文化活动为主体，满足人们品茗、休闲、观光、旅游的需求，同时与茶文化活动相关行业的发展，又能够促进经济发展，同样也体现出实用与娱乐相结合。总之，在茶文化中，蕴含着进步的历史观和世界观，它以健康、向上及平和的心态，去鼓励人类实现社会进步的理想和目标。

2. 文化元素

纵观现代茶室空间设计典例，在传统茶文化的运用方面，理应充分考虑当前社会中人们的生理和心理需求，以及瞬息万变的社会环境。在实际的茶室空间设计中，应当合理配置使用软质生态建材和硬质传统建材，通过考量空间整体环境，给茶室空间增添更为鲜明的层次和丰富的意蕴，带给人们一个恬淡宁静的品茗环境。只有这样，品茶人才会用心体会和领悟传统茶文化，进而达到精神的放松和内心的宁静。

恬淡宁静的品茗环境

3. 文化融合

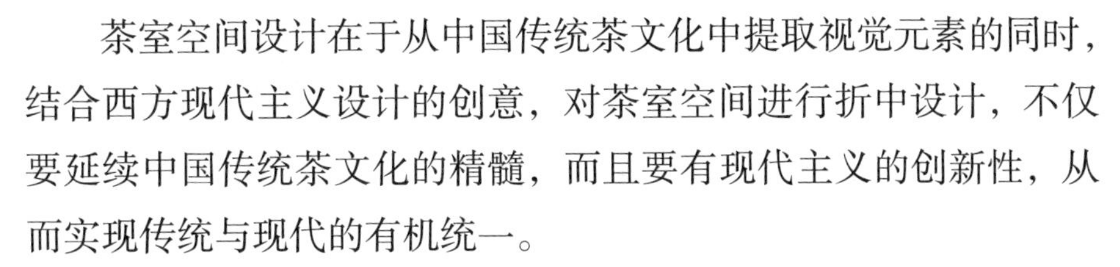

茶室空间设计在于从中国传统茶文化中提取视觉元素的同时，结合西方现代主义设计的创意，对茶室空间进行折中设计，不仅要延续中国传统茶文化的精髓，而且要有现代主义的创新性，从而实现传统与现代的有机统一。

茶室的空间类型

一、公共品茶空间

（一）茶楼

茶楼，顾名思义，有楼的茶馆，亦称茶馆、茶肆。茶楼在唐代是过路客商休息的地方，在宋代逐渐繁荣起来，成了娱乐的地方。南宋诗人戴复古作的《临江小泊》一诗中也提到了茶楼："舣舟杨柳下，一笑上茶楼。"一个"笑"字足以感受到作者上茶楼饮茶时心情之愉悦、舒畅。

清朝时期，广州的"二厘馆"便是茶楼的原型，因茶资只收二厘钱，故称之"二厘馆"。茶楼也称"居"，所以"老广州"称去茶楼为"上茶居"。陶陶居就是广州有名的一家老字号茶楼，门面富丽堂皇，浮雕栩栩如生，尽显老字号的大家气派。

广州人上茶楼饮茶叫"叹茶"。叹即享受，是享受茗茶的清洌甘醇，或是享受品茶时的那份清净，抑或是享受与茶友谈心雅聚的快乐。总之，进了茶楼，品茶者很容易受到茶楼里淡雅恬静环境的熏陶，悠悠茶香，袅袅音韵，慢慢地消除疲惫与烦躁，身心也得到了放松。人们总是喜欢选择去茶楼品茶，品的不只是一杯茶，更是一种心境。

清新、典雅的茶楼

现在的茶楼已经不局限于经营单一的茶点，而是结合现代人的生活方式不断发展转变。茶楼里可以提供棋牌、茶艺表演等服务，还可以举办品茶会、品酒会、读书会、赛诗、赛棋等活动。依据茶楼的不同特色，还可以再将茶楼进行分类。

1. 民俗式茶楼

民俗式茶楼离不开民俗乡土特色，保留了强烈的民俗和乡土气息。民俗式茶楼以特定的少数民族的风俗习惯、风土人情为背景，在装修风格上大都采取具有民族特色的建筑风格，或是直接将古屋装修成茶楼，竹木家具、马车、蓑衣、斗笠、古井、大灶等能反映乡土气息的装饰元素奠定了茶楼的主基调。民俗式茶楼里的茶叶多为民族特产，茶艺表演具有浓郁的民族风情，服务人员大都穿着古朴的服饰招待来客。总而言之，民俗式茶楼给饮茶者返璞归真般的体验，生动地诠释了乡土文化的朴实无华。

衣着古朴的茶楼服务人员

2. 戏曲茶楼

戏曲茶楼是把民间的戏曲文化与茶文化结合起来，让客人一边品茶，一边还能欣赏戏曲表演。戏曲茶楼中是以享受戏曲艺术为主体，品茗为辅助，所以在装饰上更强调戏曲表演的氛围和要求。茶客来到戏曲茶楼，不为饮茶，不为谈事，只为在享受戏曲表演的过程中丰富自身精神生活。戏曲茶楼追求简单大方，一个古雅明亮的戏台，十几张简单的桌椅就构成了茶楼空间布局的主体。如今，戏曲茶楼已然成为保护、传承、弘扬戏曲文化的重要场所。

简单大方的戏曲茶楼大厅

3. 园林式茶楼

园林式茶楼在空间处理上常运用渗透性空间，就是两种或两种以上不同性质的空间实体在彼此相邻的空间范围内矛盾冲突与调和的界面。空间的渗透可以将有限的空间赋予变化并增强艺术的感染力。园林式茶楼最突出的风格是清新自然或依山傍水，或坐落于风景名胜区，一般通过绿树成荫、鸟语花香、小桥流水等景象打造纯自然的风格。园林式茶楼讲究门窗洞口、亭、榭、舫、廊架、廊桥、庭院等的分隔错落，既能使空间更为广阔，又能增强空间的趣味性。

园林式茶楼

（二）茶馆

中国的茶馆由来已久，据记载茶馆最早出现在我国两晋时期，其最初是一种季节性的、流动式的茶摊，现今演变成一个茶饮的空间。茶馆设有固定的场所，室内的核心设计点在于突出茶文化，通过一些传统的中国元素体现空间的文化性和艺术性。

在中国，茶馆不仅是人们放松娱乐之地，同时也是各种社会人物的活动舞台。正所谓“一个大茶馆，浓缩的小社会”。不同的茶客会聚在不同的茶馆里，渐渐使老茶馆形成各不相同的社会功能。比如在茶馆里，社会上各种信息汇集到一起，茶客们可以互通信息。又如旧时有人将茶馆叫作“民间法院”，民间若发生纠纷，双方都不愿进官府，于是便相约茶馆“吃茶”评理，请出当地德高望重之人帮忙评理，茶馆也因此成了解决纠纷的场所。茶馆是老百姓重要的休闲之地，以茶会友、谈天说地、娱乐消遣、调解纠纷，应有尽有，也是一部分社会的缩影。

茶馆大厅

1. 川派茶馆

根据相关史料记载，中国最早的茶馆起源于四川。四川是中国茶和茶文化最早发源地之一，因此川派茶馆有着悠久的历史文化。四川茶馆奇多，饮茶之风闻名全国。有句谚语是这么描述四川的："头上晴天少，眼前茶馆多。"由此，足见四川茶馆之多。而四川茶馆又以成都为最，成都是历来茶馆数量统计中最多的城市，真可谓是一座"泡在茶碗里的城市"。无论是在空间格局还是服务体系方面，成都茶馆都已经形成了自己鲜明的特色。

成都茶馆的发展历经几次沉浮，其空间布局也随之有所变化。20 世纪 50 年代开始的公私合营，让成都茶馆的数量明显减少，但茶客人数却没有因此产生多大波动。直至 20 世纪 80 年代，大批传统老茶馆开门迎客，成都茶馆进入恢复期。这一时期成都茶

馆的空间格局还是延续了早期茶馆的“当街铺”“巷中寺”“树间地”“河畔棚”的老传统。茶馆内，最具代表性的摆设是竹靠椅、小方桌，“三件头”盖碗、紫铜壶和老虎灶。茶馆里煎茶、煮茶、沏茶、泡茶的师傅叫作“茶博士”。在四川茶馆里，你只要一坐下，就会有茶博士跟随而来，拎着晶亮的铜质开水壶，将捏在手中的白瓷盖碗“噗”的一声摆到你面前。然后，提壶从一尺多高处往碗里汩汩冲茶。那不滴不溅的功夫，不能不让人拍案叫绝。这便是成都茶馆里最具特色的服务形式。

20 世纪 90 年代中期的四川，具有商务功能的都市茶馆出现。与传统茶馆不同，这些茶馆从露天进入室内，不再延续茶馆的敞开式风格，改铺舍为茶楼，室内装饰一改传统茶馆的简朴自然而趋向豪华精致，陈设多具西式风格，除法式藤椅外，许多茶馆摆上了钢琴。茶馆所提供的茶水也不再局限于花茶。此时，茶艺表演也开始在成都出现，茶艺之风盛行。然而，此后两三年时间，传统的麻将又盛行起来，茶艺又逐渐沉寂。

20 世纪末，成都茶馆发展开始趋向于多元化。一些适于茶馆经营的主题文化如盐道文化、藏文化、集邮文化等走进茶馆，同时，棋牌、足浴、桑拿等经营项目也被引入茶馆。

鹤鸣茶社是具有老派成都代表性茶馆之一。鹤鸣茶社的茶馆场子很大，包容性强，氛围舒淡闲散，平地坝子、树荫、湖边都能看见茶客的身影。坐在成都的茶馆里，品一杯新茶，与茶友闲话家常，看人来人往，就能发现成都最具平民文化和民俗风情的一面。

平日里的成都茶馆

2. 粤派茶馆

“喝茶”在粤方言里称作“饮茶”。广州人爱“饮茶”，茶文化既是民俗文化，又是饮食文化。广州在“得风气之先”的岭南文化影响下，其茶馆起步早，是南方沿海地域茶馆的代表。与其他地域不同的是，广州茶馆多称为茶楼，楼上茶馆，楼下卖小吃茶点，典型特点是“茶中有饭，饭中有茶”，餐饮结合。当代广州茶馆的雏形是清代的“二厘馆”，最初的功能是休闲和餐饮，为客人提供歇脚叙谈、吃点心的地方。广州人向来有饮茶的习俗，尤其是“饮早茶”。饮早茶对于广州人来说，不仅仅是物质消费，更是一种精神享受。改革开放以来，随着经济活动和社会交往的频繁，饮早茶已成广东省沿海经济发达地区人们生活的重要组成部分。广州茶楼也有着商业交往的需要，各种各样的人在茶楼谈论着股票、楼市，交流着各种经济、商品信息，茶楼就渐渐成了“信息茶座”。

改革开放之初，“下海经商、创业拼搏”是广州人民生活的主旋律，作为传统餐饮休闲场所的茶馆遭遇了前所未有的大众“无闲”期。在这一“空档期”，广州兴起了以听歌为主、饮茶消夜的音乐茶座。

2000年后，广州及周边地区各式茶馆如雨后春笋般发展起来，公园湖畔、街道、大型社区、宾馆、健身休闲会所内的茶馆随处可见。而且许多高规格的茶馆配备专业的茶艺师、琴师、评茶师。

陶陶居是广州饮食业中的老字号之一，拥有百年历史，曾是各方文人雅士、名人商贾聚首之地，是广州有名的早茶店之一。百年老字号茶居里里外外皆古香古色，陶陶居内部融合新中式设计风格，华丽典雅的水晶灯，简约清新的大理石墙面交相辉映。

广州茶馆

3. 京派茶馆

北京人饮茶者众，从皇帝贵族、达官贵人到市井小民，都有饮茶习惯。自然，不同阶层的饮者有不同的茶俗，这便使北京的茶文化具有多层次、多样性的鲜明特点。长期以来，作为全国的政治、经济、文化中心，北京茶馆始终具有多样性的特点。不仅有环境幽雅的高档茶楼、茶馆，也有大众化的街头茶棚，以及为数众多的季节性茶棚。市民茶文化、文人茶文化、宫廷茶文化共同构成了北京茶文化。

北京是清朝的政治中心，茶馆集中，品级俱全。茶馆大多供应香片花茶、红茶和绿茶。茶具则多为古朴的盖碗、茶杯。许多皇亲王室、官僚贵族、八旗子弟成天泡在茶馆里，清代北京的茶馆史可以说是清朝历史的缩影。一些传统茶馆自清末开始产生改变。大茶馆在晚清时期逐渐衰败，京城"八大轩"先后关门大吉，书茶馆、清茶馆等则成了落魄八旗子弟活动的主要场所。清末至民国年间，新建了一些新式茶楼，主要客源为商贾。此后，随着新式学堂的建设与学生力量的逐渐兴起，不时也有学生进入茶馆。许多清茶馆在清末或民国年间渐渐转变为戏园，还有一批书茶馆在清末民初出现，演出《济公传》《包公案》等评书。位于前门西大街的老舍茶馆是一座环境典雅别致，陈设古朴的仿古茶馆，其顶悬华丽宫灯，壁挂名人字画，茶格漏窗、玉雕石栏、清式的桌椅等都充满了京式传统风味。还会有身着长衫、旗袍的男女服务员提壶续水、端送茶点，穿梭其中，老北京的文化气息浓厚，有旧京式风味。

北京老舍茶馆大厅

老北京的茶馆按照其形式来分的话，可以大致分成大茶馆、书茶馆、清茶馆、野茶馆等几大类。

大茶馆集品茶、饮食、社交、娱乐于一体，规模大，档次高，店堂敞亮，轩窗开阔。一进门为“头柜”，经营对外买卖和管理条桌账目。条桌相对简陋，在此饮茶的多为较为贫困的下层茶客。茶桌后为“二柜”，负责腰拴账目，这里摆设方桌椅，接待普通茶客，也是茶馆中最大的一处营业场所。最后一层称“后柜”，管理后堂，有后堂就是后院，只做夏日买卖和雅座生意的，雅座乃接待达官贵人之处，自然豪华气派。三层柜台层次分明，各有一种风趣。每层都可同时接待数十位茶客。大茶馆不仅卖茶，也供应各种点心、吃食。一般茶馆的左边都有一个厨灶间，有专人负责烧菜、做饭、制点心。老舍先生名剧《茶馆》里的老裕泰茶馆就是大茶馆，反映的是老北京茶馆几十年的兴衰史。

每日演出日夜两场评书的，名“书茶馆”。书茶馆的标语是“开书不卖清茶”。在书茶馆里，听书成了主要目的，茶退居其次，成了可有可无的配角。书茶馆大多布置讲究，墙上张挂着字画，显得比一般的茶馆更为雅致。桌椅也分不同的档次，藤椅是属于高档的，木椅则为一般的。室内靠墙处搭一小木台，木台上摆一小条桌，再罩上洁净的蓝布，这便是评书人的表演之地。书茶馆约聘一年的说书人，依例在年前预定，预备酒席，款待先生，名曰“请支”，一年一次。评书分“白天”“灯晚”两班。白天由下午三四时开书，至六七时散书。灯晚由下午七八时开书，十一二时散书。有时也在午后一时至三时加一场短的，行话叫作“说早儿”，是专门为一些不太出名的评书艺人提供演练机会的。书茶馆开书以前可卖清茶，开书后是不卖清茶的。书茶馆听书费用名“书钱”。所以茶客离去时结账付钱也不叫作茶钱，而叫作付书钱。

清茶馆，是老北京茶馆中饮茶主题最为突出的一种，顾名思义就是一个“清”字，首先是只卖茶而不备佐吃食。其次是“清净”，馆中无丝竹说唱之声，就是说没有艺人在茶馆内设场。再次便是“清贫”，从消费上说，清茶馆与大茶馆相比更低廉，适合普通大众。一般是方桌木椅，陈设雅洁简练。在装潢上十分简洁，春、夏、秋三季都在门外或者院内搭一个大凉棚。棚内用来接待散客，茶室的前厅坐常客，后院的雅座接待贵宾。不同时间到清茶馆来的茶客也会有不同。清晨，到茶馆来的大多是晨练或者是遛鸟的老人，老北京话叫作“遛早儿”。许多养鸟的老人提着鸟笼，晨练完就把笼儿挂在茶馆的棚竿上，喝上一壶茶，还一边与其他人交流养鸟之道或是谈家常、论时事。中午以后，茶馆里来的多为商人、牙行、小贩，他们在这里谈生意扯行情，或是

闲聊社会新闻，又是别有一番景象。清茶馆也有供给各行手艺人作“攒儿”“口子”的。手艺人没活干，到茶馆沏壶茶一坐，也许就能找到工作。清茶馆也有供一般人“摇会”“抓会”“写会”的。有的清茶馆为了扩大知名度，招揽更多的养鸟爱好者，会经常组织“养鸟会”。还有许多养蟋蟀、蝈蝈等小虫子玩的人，也时常到清茶馆交流聚会。此外，有的清茶馆定期举行猜谜活动，吸引文人雅士们制谜猜谜，尽显风雅。或有清茶馆与棋室合二为一，一边品茶一边对弈，观棋者亦众多，好一番热闹的景象。这些全是清茶馆的韵事。

野茶馆一般多设在公园里，每年的夏季均临水而搭一大批茶棚，供游人休息品茗，北海小西天便是乘凉赏景的绝好去处。野茶馆是以幽静清雅为主，矮矮的几间土房，支着芦箔的天棚，荆条花障上长着牵牛花，砌土为桌凳，砂包的茶壶，黄沙的茶碗，沏出紫黑色的浓苦茶，与乡村野老谈一谈年成、话一话桑麻，眼所见的天际白云，耳所听的蛙鼓蛩吟，才是“野茶馆”的本色。

麦子店野茶馆在朝阳门外麦子店东窑，四面芦苇，地极幽僻，和北窑的“窑西馆茶馆”类似，渔翁钓得鱼来，可以马上到茶馆烹制，如遇疾风骤雨，也可以避雨。麦子店附近水坑还产生鱼虫，尤其多有苍虫，因此养鱼的鱼把式每年要到此地捞鱼虫。在前清时宫内鱼把式也以麦子店为鱼虫总汇，由二月至九月，在这八个月的麦子店野茶馆，真有山阴道上之势。夕阳西下，肩上扛着钓竿的老叟，行于阡陌之间，颇有画图中人的意味。

白石桥野茶馆在西直门外万寿寺东。清代三山交火各营驻兵的往还、万寿寺的游旅，均以白石桥为歇脚的地方。高梁桥、白石桥之间水深鱼肥，柳枝拂水，荻花摇曳。很有许多凑趣的人，乘船饮酒，放乎中流，或船头钓鱼，白石桥野茶馆便更热闹起来。

（三）茶艺馆

茶艺馆是茶文化交流的重要场所，同时也是传播茶艺的特殊载体。在20世纪70年代末80世纪初，一部分青年知识分子掀起振兴中华文化的热潮，开始对民族的传统民俗和文化艺术进行宣传，而茶文化又是其中最具民族亲和力的代表，由此茶艺馆在都市中逐渐流行起来。从茶馆到茶艺馆，这是一种茶文化的演进，也是把茶饮从生活融合进文化艺术的精神领域的过程。当今，茶艺馆是茶馆、茶餐馆、茶博馆、茶文化馆的统称。在茶艺馆里品茶，你既听不到北方茶馆的吆喝阵阵，也听不到南方茶楼的喧闹声声，能感受到的只有安详、平和与宁静。茶艺馆没有一定的格式，各式各样的都有。根据茶艺馆的装潢布局，陈列摆设以及所处环境的条件，可以将茶艺馆分为唐式茶艺馆、室内庭院式茶艺馆、仿古式茶艺馆。

茶艺馆

1. 唐式茶艺馆

唐式茶艺馆就现实情况而言，这类茶艺馆可以说是日本式的茶艺馆，有着浓厚的东洋风格。茶艺馆的室内以榻榻米铺地，以竹帘、屏风、矮墙等作象征性的间隔，顶上使用圆形的大灯笼作为灯饰。进入这种茶室，要先脱鞋，茶室入口处备有拖鞋，茶室内只有矮矮的茶桌和坐垫，茶客也可席地而坐。

唐式茶艺馆

2. 室内庭院式茶艺馆

庭院式茶艺馆，这种茶艺馆的设计，令人有“庭院深深深几许”的感觉。曲径通幽的鹅卵石小路，清新恬静的小桥流水，再加之假山、亭台、拱门相互映衬，仿佛这种悠闲的环境已将喧嚣的闹市隔绝。那般境界可谓是“庭有山林趣，胸无尘俗思”，贴合了现代人崇尚返璞归真，回归大自然的追求。室内也多陈列字画、文物、陶瓷等各种艺术品，整个茶室也被赋予浓厚的文化气息。

庭院式茶艺馆

3. 仿古式茶艺馆

仿古式茶艺馆在装修、室内装饰、布局、人物服饰、语言、茶艺表演等方面，都以某种古代传统为蓝本，对传统文化进行挖掘、整理，对古典茶艺文化进行现代演绎。这类茶艺馆大多摆设红木家具，渲染古香古色的韵味，典雅清幽，同时也张挂名人字画、陈列古董及工艺品。悬挂的字画一般都反映了茶室主人的志趣，表达了茶室主人的心声。

仿古式茶艺馆

二、居住茶室空间

越来越多的人开始喜欢上品茶，常常幻想着在家中拥有一个别具特色的小茶室，一边细听行云流水般的琴音，一边沐浴暖暖的阳光，再邀三五好友，泡上一壶好茶。清新的茶叶，淡淡的茶香，抿一口陶醉其中，“行到水穷处，坐看云起时”，品的是茶，静的是心，悟的是人生。其实，只要家的面积够大，就可以置办一个家庭茶室，可按照自己的喜好将茶室随意置办在餐厅、书房、客厅、阳台这些地方，或者是单独开设茶室。在配色方面，茶室的空间尽量避免使用太绚丽的原色，降低各种颜色的饱和度以达到相互调和的目的。再者，茶室是精神的休憩之所，无须过多的堆砌与华丽的修饰，越简单，越容易专注于内心世界。茶室的灯光也应当能营造和谐的氛围，提升茶室的高雅格调和文化品位，而且恰到好处的灯光效果不仅能增强环境气氛的表现力，还能丰富空间的原有层次。

别墅茶室空间

（一）窗边茶室

既有良好的采光条件，又有清新的空气，在窗边置办一个小茶室可以说是绝佳的观景台。不需要占用多大的空间，两三平方米或是五六平方米都可以，小而温馨就足够了。或以极具明清气韵的鼓腿方茶几为中心，最底层铺设席垫，或加上橙色调的坐垫，便构成了一个古典与时尚兼具的小茶室主体。闲暇之时，约上三五友人，或者独自一人，品茶赏景，何其快哉！

窗边茶室

（二）书房兼茶室

茶通六艺，六艺助兴。而六艺之中，尤以书画为重。书与茶是通向宁静心灵的桥梁。当书房与茶室相融，是源于千年骨血的相契相合，让传统文化在居室中一方小小的空间内得以优雅互存，散发出浓浓的生活气息。而且阅读与品茶的环境极其相似，安

静、和谐，以达到感悟天地、追求自我的最终目的。如果在书房中组合茶室的功能，也可以更好地利用空间。沏上一杯茶，手捧一本书，坐在书房茶室内凝神细品，茶香书香，沉醉其中，诗意人生。

书房兼茶室

（三）客厅兼茶室

如果家里经常来客人，而且经常以茶会客，那么在客厅打造一个开放式或者半开放式的茶室，是一个非常不错的选择。选择以客厅作为茶室的载体，高雅的茶室风格也极大地影响了居室的基本格调。客厅的空间本就较为开阔，在茶室设计时要注意与整体的风格搭配协调统一。偌大的客厅空间，背景墙上方中现圆，既清晰分明又不显突兀。方与圆是相比较而存在的，正是说无方就显不出圆。整个空间大体呈轴对称，精美的瓷器、黑褐色的实木家具给客厅增添了一份典雅，而角落的绿植更是增添一份生机。在这样的环境中，品茶会友，心情也会更加愉悦。

客厅兼茶室

茶室的环境风格设计

一、中式风格的茶室设计

中式风格的茶室适合于布置清雅古朴的空间，营造的气氛以舒适、安逸、典雅为主。为了营造出轻松舒适的氛围，中式茶室常常会使用暖色系、原木色、纯白色等作为背景色。茶室空间的背景色是指茶室设计中大面积场景的颜色，例如地面、墙面的颜色，这些场景组成了茶室的基础空间，它们的颜色基本上可以确定茶室空间的整体颜色基调。

茶具和摆设对于茶室而言是一个重要组成部分，决定了整体风格的好坏。中式风格的茶室可以选用紫砂壶或是细腻的青瓷盖碗，使氛围显得温婉和谐、情趣盎然。但前提是要满足实用性的要求。因为不同的茶叶种类，所用的茶具也有所不同。比如普洱茶，由于普洱茶的浓度大，为此在选择茶具时最好选用腹大的壶，这样能有效避免茶汤过浓。紫砂壶可以很好地锁住普洱的茶香，而且紫砂壶的保温性好，不至于茶汤过早冷却。如果是绿茶，选择玻璃杯会更好。绿茶大多都是在谷雨前或者清明前采摘下来的茶树嫩叶，冲泡时的水温不能过高。如果水温过高的话，就把茶叶泡坏了。如果选用带盖子的茶具，不容易散热，时间较长，茶叶就被泡煳了，茶汤也会变浑浊。还有就是采用透明的玻璃杯可以将水中茶叶的色泽以及形态特征变化进行有效的展示。不仅要根据茶叶的种类来确定茶具，还要根据茶室空间的主题选择符合茶艺主题时代、地域特点的茶具。

摆设可以用仿明清的桌椅作为装饰，讲究对称的造型，让茶室充满古典美感与秩序感。中式风格的茶室多采用实木茶桌，好的实木茶桌承载着质朴的文化内涵，也包括对世界和大自然的感悟。因此，实木茶桌能把中式风格贯彻到底，仿佛将人的心境带回大自然中。茶桌上茶具的摆放要求布局合理，实用美观，注重层次感和线条的变化。摆放茶壶和茶杯的过程要有序，左右要平衡，尽量避免遮挡视线。如果有遮挡，则要按由低到高的顺序摆放，将低矮的茶具放在视线的最前方。中式风格茶室内墙面的布置通常以书画为主，一般会悬挂名人字画，还有一些民俗式的茶馆会在墙上悬挂蓑衣、斗笠、渔具等，富有浓厚的乡土气息。除此之外，一些茶室设计师还会在茶室内陈设一定的装饰物，例如有盆景、花卉、奇石、雕刻品、瓷器等，从而营造一种更为和谐的氛围。

茶室空间对灯具的要求颇高，要营造茶室整体空间的高雅格调，恰到好处的光线是必不可少的。再者，茶室空间的灯具对光线有独特的要求。茶室空间内的光线营造的隐约和明暗的效果，让人在品茶时既满足了味觉的需要，也享受了视觉的舒适。茶室灯光要有层次感和艺术感，一般选用局部照明的方式，局部照明是指将光照设置在部分要求高照度的区域内，增强茶室空间环境的表现力，丰富空间的原有层次。至于灯具的选择，吊灯、壁灯、落地灯、中国的红灯笼都是各有情调，要结合茶室家具和装饰物的整体风格，才不会显得突兀和怪异。

中式风格的茶室

灯具对茶室空间的影响

中式茶室，好似一幅浓墨重彩的山水画，极具东方气质。中式风格有一种“此时无声胜有声”的意境，无论是淡雅的色彩、洗练的线条还是柔和的灯光，都给人一种宁静致远的感觉。

二、日式风格的茶室设计

日本茶道源于中国，也很大程度地影响了日式茶室的装修风格。日式风格的茶室清新，茶与禅都是非常重要的元素，适用于和式风格或是现代风格的空间。淡雅、简洁、禅茶一味是和式的特点。在整体空间布局方面，日式茶室的外观和内部构造都力求“不对称”之美，这种审美观也源于具有禅宗色彩的道教理想。因为道教的哲学动力本质强调追求完美的过程超过强调完美本身，并认为真正的美只能通过从精神上完善那些不完善的事物才能得到，所以有意地避免用对称来表达完美和避免重复，同时也体现出禅宗里“无常”的思想。

日式风格的茶室

日式茶室的入口设计也许是世界建筑史上最罕见的设计之一了，与日本其他建筑不同之处在于并非与墙齐高的日式拉门，而是非跪行不能入内的矮小入口（高约 73 厘米、宽约 70 厘米）。因为门是半人高的，所以必须以跪坐的方式才能进去。这个设计是来自渔船船舱的拉门，相传是千利休发明的。这个矮小的路口也称“躏口”，最早是由日本近代建筑理论研究家堀口舍己提出。从外部通过狭小的躏口观察茶室，可以窥探到被放大的内部茶室空间，这种以小见大的手法，使茶室的内部陈设显得尤为雄伟。在当代茶道，由于人数较多，大茶室通行，入口不能过小，一般可以设计成纸拉扇门，但客人入内，仍须膝行入小入口，这是基本茶礼。这样的设计相当于用一个相对封闭的小空间把人和外界环境分隔开，也是希望以身体力行的方式来体验“无我”的谦卑。

茶室设计思想的核心是要给人一种亲切感和谦和感，而排斥浓重、冷漠的格调。但我们所说的冷漠与幽寂又是不同的。比如茶室屋顶，茶室多采用“人”字形结构，因此自然在左右两侧形成两道人字形墙壁，光秃秃的两面墙是会产生冷漠感的，因此，要在墙的一侧设计一道小屋檐，檐下开设茶室的小入口。人字屋顶的两侧一般固然对称，但也有独具匠心者，其中一侧只延伸到另一侧半长，却在其下层接出一道斜屋顶，结构顿时活泼轻快，堪称杰作。再说茶室的天棚，即顶棚。天棚是房屋建筑的重要建筑部件。天棚的作用是使房屋顶部整洁美观，并具有保温、隔热和隔音等性能。日本茶室的天棚，多用树叶和竹叶制作，使其高低错落。顶棚较高的下面由客人落座，而较低的下面是主人的位置，以此来表示主人的谦逊与对客人的尊重。

日式茶室的天棚

壁龛最早在宗教上是指摆放佛像的小空间。在现代装修上，是一个把硬装潢和软装饰相结合的设计理念，也是室内墙面设计中的点睛之处。壁龛，是日式茶室的魂魄。壁龛内悬挂墨迹挂轴，是茶道具之第一要品，茶室的性格和茶人的性格全寄托于斯。壁龛本是日本建筑之通行之物，宽约3米，深约30厘米，内悬书画，摆放文房四宝、香炉插花。但茶室中的壁龛却大加简化，宽仅1.3米，高约1.7米，壁龛中只挂一幅禅语墨迹。在茶道的空间里也是如此，常常只保留挂轴、插花和所需要的最精简的茶具，尽显极简主义风格。整个壁龛四围有框，与方正、上黑漆的普通壁龛不同，茶室壁龛四棱不齐，而且戒绝漆涂，只以掺有稻秸的墙灰涂抹。挂轴是客人迈入茶室之后驻足欣赏的第一件茶道具，其中的文字画作，往往暗合了本次茶会的主题。随着茶会的进行，更多线索被逐渐披露出来，主人也会适时点破，将茶会的立意完整地呈现在客人面前。挂轴书画创作与禅意紧密相关。日本茶道的极大成者千利休也曾说过“挂在墙上的挂轴别有情趣”。

茶室里的壁龛

茶室内部除了壁龛外，四面皆为墙，无一装饰，为了增加节奏变化，表现美感，在茶室其余三面墙上开设窗户，一般分为“墙底窗”和“连子窗”两种。墙底窗者，乃旧时日本农家所用之窗。茶室之墙壁，乃先以竹棍、苇茎搭出骨架，再以砂土掺稻秸抹成，此时留下一处不抹，即自形成一窗。此等之窗，虽最为朴素，但多开则墙壁摇摇欲坠矣，故通常只开小窗，用于特殊采光。而大面积采光，须用“连子窗”，以竹棍为骨架，较为坚固，可开大窗。墙底窗与连子窗均以白宣糊之。窗户材料多用细竹，有时会贴上我们熟悉的日式窗纸，透光、挡风，保暖。茶室窗户大小和形状绝不重复，需要高低错落，有尺寸变化。茶室之窗，并非为观景之用，但有唯一例外，在于屋顶开设一天窗，每逢拂晓或晚间茶会，若月光明亮，吹熄油灯，迎月光入室，举目望月，浑然忘我。茶道崇尚自然光，除非晚间或拂晓茶室，室内不设照明之物，全靠窗户采光。小小茶室为了满足良好的采光效果，往往开窗八扇以上，而且大小形状参差不齐，极富变化。窗户开设的位置也大有讲究。如主人在点茶的位置，应有墙底窗特殊采光。而壁龛之侧，亦应开壁龛窗，使得挂轴在光线半明半掩之中，极尽侘寂之态。

茶室的小窗

日本茶室中的榻榻米也是凸显和式风格的重要元素。日式茶室，是全通榻榻米布局，所用榻榻米有三种规格：整张榻榻米（长 1.909 米，宽 0.954 米），3/4 张榻榻米，又称台目榻榻米（长 1.432 米，宽 0.954 米）和半张榻榻米（长 0.954 米，宽 0.954 米）。三种规格同宽而长度不一。茶室标准为铺设四张半榻榻米，一般小入口设一张或半张，称“脚踏席”，主人点茶处设一张，称“点茶席”，首席客人跪坐于一张，称“贵人席”，其余客人坐一张，

称“客人席”。另外，如果是在冬天要用地炉，则设“地炉席”。地炉即使位于中央，也要求略偏于一侧，绝对的正中是要避免的，这也是茶道美学不匀称概念的反映。榻榻米的铺设有一定之规，随着季节变化，其布置随之调整。

茶室中的榻榻米

茶人建设茶室，成败关键在于是否能有效利用空间，同时又不产生拥挤感。尤其是小茶室的设计，难上加难。四张半榻榻米的空间可以从容利用，两张半甚至一张半的榻榻米就很难排开。因此小茶室的面积往往不得不略大于所用榻榻米数，榻榻米所不能覆盖的地面，就要用木板铺设，称为“增板”。如为了让客人与背后的墙壁保持一定距离，就用台目榻榻米作客人席，再于上方至墙根间增设一木板，称为“墙根板”。又如小茶室往往主人的点茶席和客人席紧紧相连，为了有一点间隙，就在点茶席和客人席间加入一条木板，称“中板”，并可将地炉开于板上。中板一般不过46厘米宽，但许多茶人仍以为过大，往往采用16厘米宽的“半板”。此外，小茶室的壁龛往往不能与一张榻榻米等宽，产生的空隙也用木板补充，填于壁龛前侧的称“前板”，填于壁龛之侧的曰“侧板”，凡此种种，不一而足。

日式茶室一般采用简洁大方、线条流畅、色彩朴素的设计。日式风格的茶室经常采用格子的图案作为装饰，比如在餐桌上铺上洁净素淡的格子布的桌巾，边上放一盏简简单单、罩子同为格子花纹的白色纸灯，俨然是典雅的日式格调。日式茶室，仅为茶事之场所，其与一般居所不同，不以宽敞、明亮、耐久为目的，不会设置太多华丽的陈设，以求实现茶道“和、敬、清、寂”的宗旨。茶室建筑贵在自然，简洁朴素即为最高原则。

淡雅极简的日式风格

三、休闲风格的茶室设计

休闲风格的茶室之所以休闲，就在于没有固定的模式，也不需要刻意地装饰。休闲茶室简单时尚，它可以是奢华的代表，但也可以只做简单的点缀，只要觉得轻松自然就是最好的布置。在配饰方面，随意摆放几件别致的小饰物，如小块地毯、抱枕等。不必拘泥于材质，不用讲究那些繁复的茶道，是休闲茶室轻松氛围所带来的。不用去研究茶具的摆放位置以及其他物品的陈设，也不需要拘泥于形式，可随心所欲地摆放自己喜欢的东西。茶室里的一切都是随着主人的性格和喜好，具有独特的个人风格。休闲茶室可以算得上是最个性化的茶室了，丢掉一些刻意，丢掉一些束缚，更能够发挥茶室最大的价值，让人在轻松自在的茶空间里，追求本真的自我。

休闲风格的茶室

四、田园风格的茶室设计

田园风格的茶室可以选用朴实自然的材质，例如用原色的树皮装饰一面墙，或制作成红砖墙的感觉，摆放天然的原木桌子，再放几个木墩子作椅子，桌子上摆的是粗瓷的茶壶和茶碗，墙上挂着几串玉米，茶室的装修材料以接近茶性的材料为佳，例如竹、藤、麻等，这样才会使整个房间朴素无华，使人仿佛闻到了田园的气息。这种风格看起来十分朴素、自然，但要求环境要比较宽敞，最好有自家的庭院。这样的茶室能使人产生一种摆脱浮华喧嚣的都市，重回大自然的感觉。不过田园风格不能强求，没有宽敞的居室很难拥有这种风格，以免显得不伦不类。

田园风格的茶室

茶室氛围设计

一、茶室设计中传统文化的氛围营造

（一）茶室空间中的佛学文化设计

1. 茶文化中的佛学文化

茶文化与佛学文化自产生伊始便相互联系、相互影响。中国茶文化总的思想趋向是热爱人生与充满和乐之感，而佛教精神强调的是苦寂。佛教在茶中融入“清静”思想，茶人希望通过饮茶把自己与山水、自然融为一体，使美好的韵律、精神于饮茶中释放。在茶中得到精神寄托也是一种“悟”，即茶中有道，由此佛与茶便联结了起来。

中国“茶道”二字首先由禅僧提出，这就把饮茶从技艺层提到了精神层的高度。唐宋佛寺常兴办大型茶宴。茶宴上要谈佛经与茶道，并赋诗，把佛教清规、饮茶谈经与佛学哲理、人生理念都融为一体，开辟了茶文化的新途径。在民间茶礼方面，朝廷茶仪难以效仿，禅院茶礼容易为老百姓接受，因此禅学思想对于茶文化的影响更大。在品茶空间中有众多佛学文化载体元素。

图 5–1　佛学文化在茶室空间的运用

（1）茶席。茶席或许就是茶者的“半亩方塘”，此间的天光云影既是茶者在尘世间怀抱理想、御风而行的“致柔专气”，也是脚踏实地、精行体悟的践行身影。其实这“半亩方塘”承载得太多，其中包含着厚重的中国传统佛学文化元素。茶席中的字画通常以水墨画（荷花图案比较多见）为主，并附以文字描述，进而表达品茶空间中的佛禅意。

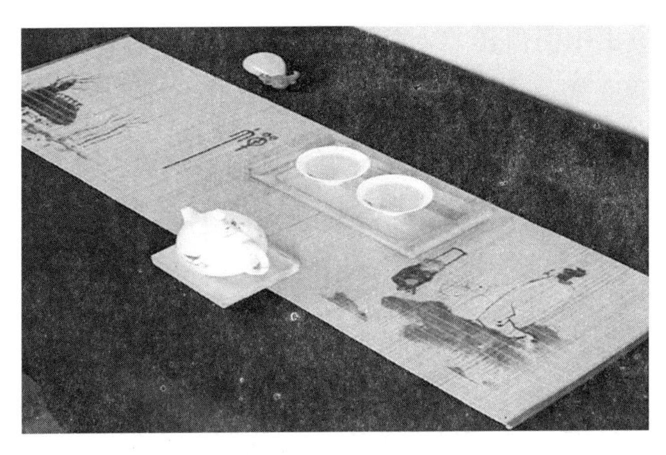

茶室空间中的水墨茶席

（2）泡茶器具及茶室陈设。泡茶器具是指能泡出茶来的器具。按照不同的用途，可以将泡茶器具分成六大类，即大壶、工夫茶壶、盖碗、茶碗、评鉴杯及同心杯组，我们常见的为工夫茶壶、盖碗。泡茶器具和茶室陈设同样承载着众多的中国佛学文化，是中国佛学文化的重要载体元素。

①工夫茶壶。工夫茶是中国民间品茶习俗，流行于广东潮汕、福建漳泉等地。工夫茶离不开茶具，包括壶、碗、杯、盘、托等。一套精致的茶具配合色、香、味三绝的名茶，可谓相得益彰。随着茶风兴盛，茶具品种愈加多样，质地愈加精美。中国的茶具生产地主要集中在江西景德镇和福建德化。这两个地方生产的陶瓷茶具占据中国一半以上的市场。所谓“茶中有道，禅茶一味”，因此，很多工夫茶壶的外观造型上都留下了众多禅佛的“影子”。弥勒佛，众所周知，是中国大乘佛教八大菩萨之一，因为总是一副笑脸和大肚子形象，所以又被称为“大肚弥勒佛”。弥勒佛是中国佛教的形象大使，代表着中华民族的宽容、智慧、幽默、快乐的精神。“大肚能容，容天下难容之事；开口便笑，笑世间可笑之人。”这句话便是对弥勒佛最好的诠释。在生活当中，弥勒佛的这种精神也正是值得每个人学习的。

②盖碗。盖碗是一种上有盖、下有托、中有碗的汉族茶具，又称“三才碗”“三才杯”，盖为天，托为地，碗为人，暗含天地人和之意。

③莲花香炉。茶室中多放置莲花香炉。莲花代表着圣洁与美好。佛教中，以莲为喻的词语数不胜数。佛座称为“莲座”或“莲台”；西方极乐世界比作清净不染的莲花境界，故称“莲邦”；等等。这些都是以莲花为喻，象征教义的纯洁高雅。我们走进佛教寺庙，随处可看到莲花形象。大雄宝殿中，佛祖端坐在莲花宝

座之上，慈眉善目，莲眼低垂；西方三圣的阿弥陀佛和观世音菩萨、大势至菩萨也端坐在莲花之上；等等。由此可见，莲花与佛教的关系十分密切，也可以说莲花就是佛的象征。香炉即是焚香的器具，可用陶瓷或金属做成各种样式。其用途亦有多种，或熏衣，或陈设，或敬神供佛。虔诚的善男信女在寺院中持一炷清香礼神供佛的同时，身心也会顿时安静下来。而传统家庭中，香炉里的香象征着绵延不绝、薪火相传的家族宗脉传承。印度佛教传入中国并融入中国的传统文化之中，此后，儒、释、道三家形成华夏文化的主流。作为禅佛载体元素之一的香炉，其发展亦深受中国文化、社会风俗、工艺技术及生活方式的影响，举凡敬佛、祭祀之用抑或文人雅士的赏玩，都说明已与人们的生活息息相关。此外，香炉超凡的艺术欣赏价值和历史文化价值在收藏界也备受青睐。穿越时光隧道，透过对各朝代不同时期香炉文化的了解，能带领我们一窥博大深远的华夏文化。透过香炉文化，我们同时也感受了佛学文化，因此，香炉这一器物不愧是佛学文化的重要载体元素之一。

茶室空间中莲花形状的香炉

④插花。在茶艺空间中，插花这门艺术也是必不可少的，花瓶则是重要的器具之一。它往往是茶艺空间中重要的佛学文化载体元素。玉净瓶常被运用到插花中，而且会插入一枝柳条，这其中的寓意也与佛学文化密切相关。杨柳柔顺，象征着观世音菩萨恒顺众生、慈悲救度。杨柳枝在梵语中称“齿木”，刷牙之用，以表洁净；净瓶在梵语中称“军迟”，常储水，用以净手，亦表洁净。所谓“无心插柳柳成荫”，柳枝的生命力极其旺盛，象征着菩萨悲悯众生。例如,《西游记》中观音用柳枝蘸了一点净瓶水洒下，就救活了人参果树。

⑤摆件。在茶艺空间中，我们常常会用一些摆件来渲染茶艺空间的氛围。例如我们常见的茶宠，往往是弥勒佛的塑像或是几个小和尚，这让我们在茶艺空间中品茶之余又感受到佛学文化。

玉净瓶中插入一枝柳条

茶室中带有佛文化的茶宠摆件

2. 茶室空间中的佛学文化设计

伴随着社会的快速发展，大城市综合征不断显现，现代的人们都渴望回归自然，追求精神上的满足。由此，“禅”这种东方古老神秘的哲学思想逐渐成为一种时尚的意念，禅意空间让人们在都市中体会到自然之美，借此寻求心灵上的放松与解脱，在浮躁的尘世中得到精神上的慰藉。

当然，心理调味品可不只有禅佛一剂良药，品茶文化也不容小觑。古语道：“早晨开门七件事，柴米油盐酱醋茶。”中国的茶文化有着悠久的历史，是中华悠久文明史上重要的组成部分，其核心为茶道。茶文化不仅仅体现饮茶的健身之道，还在品茶的各个细节里起着以礼规范的作用。在日本，茶道已经演进为表现日本人日常生活文化的规范和理想。茶室品茗不仅是一种自己身体放松的过程，而且是一种精神上的愉悦与享受。品茶论道，修身养性，清心开悟。

当追求“苦、集、灭、道”的禅遇见崇尚“净、和、简、静”

的茶又会擦出怎样的火花呢？所谓的“禅茶一味”又该如何体现呢？带着这些问题，我们来一一分析。

我们都知道，环境会影响人的身心发展。其实，茶文化也是如此。因为品茶环境会对其所造就和融入的人文精神及哲学思想产生重要的影响，所以，作为茶文化传承的重要场地，当代茶室空间也有着严格的设计要求。茶室空间在设计过程中除了对空间环境进行美化之外，还要注重茶文化氛围的营造与良好传承。故而，若要将禅佛思想融入品茶文化，可不是一件简单之事。虽然茶室是中国传统的休闲文化场所，也正在经历着稳步上升的阶段，但是在现有的文献中，将禅宗美学思想与品茶空间设计相互结合的学术研究还处于相对空白的阶段。因此，对于茶室设计师来说，在理论基础相对薄弱的背景下要设计出令人满意的作品，这确实是一项极富挑战性的工作。不过，只要我们把握品茶空间设计的整体命脉，符合原则，协调节奏，统一风格，要想打造出一个好的禅茶空间就不成问题了。

茶具中佛学文化的运用

为此，笔者总结了以下设计原则以供参考：

（1）多元素融合。在进行品茶空间设计时，设计师必须考虑多方面的元素。因为禅茶空间不仅能为茶客提供一个随心喝茶的佳地，而且能展示出一个将茶道、香道、花道、陶瓷、红木、书画等多种艺术形式糅合在一起的禅茶文化空间。多元传统文化集中上演，以达到整体品茶环境的舒适与协调，从而让人心旷神怡、放松休闲，这才是禅茶文化空间设计多元化的关键所在。另外，中式风格中的一些古典元素、自然元素对于茶禅空间装修表达茶叶主题有着事半功倍的作用。由此做到美观与舒适并举，特色与创新共存，文化与艺术相融。这样的设计作品深得人们所爱。

（2）多感官体验。一些人认为茶文化给人以庄严厚重的感觉，其实不然，品茶本身是一件很享受的事情。因为我们享受的正是品茶这个过程，所以过于寂静、沉闷的设计风格会让身处其中的人感到压抑，享受反而变成遭罪，这不是我们想要看到的结果。因而，禅茶空间设计一定要结合茶客的多层体验来展开概念设计、主题设计、风格设计。

①考虑视觉体验。在茶文化体系中，插花、挂画、茶器茶桌铺垫背景等都是视觉元素。

②考虑触觉体验。茶器古玩的鉴赏、把玩和茶桌茶椅等的触摸、品味充满人的心灵享受。

③考虑心理体验。禅茶空间的构思、巧思创意的设计、风格主题的选择、整体意境的营造等都应给人留下深刻的印象。

（3）多细节搭配。多细节搭配主要是通过一些装饰物件来烘托禅茶空间的整体氛围。

①插花。插花以单纯、简约和朴实为主，讲究色彩清素。枝

条屈曲有致，瓣朵高低疏朗，多用深青、苍绿的花枝绿叶配洁白、淡雅的黄、白、紫等花朵，形成古朴沉着的格调；花器高古质朴，多选用苍朴、素雅、暗色、青花或白釉、影青细瓷或粗陶、老竹、铜瓶等。以平实的技法使花草跃然于花器之上，把握花器一体，从而达到应情适意、诚挚感人的目的。

②挂画。在墙面、屏风上悬挂与空间设计主题有关的字画、茶联。首先，题材上应以写意的水墨画为上；其次，风格上多以高古、脱俗为主；最后，包装上又以轴装为上，屏装次之。挂画的最终体现效果要整套搭配，以达到整体的和谐统一。以中式茶空间设计为例。在陈设布景中，茶挂之物可彰显出茶室空间的风雅气韵，亦是寄托文人品茶心境的极致体现。古代文人有着风雅的生活美学，焚香重嗅觉之美，品茶重味觉之美，插花重触觉之美，挂画重视觉之美。

③茶器。这是品茶空间设计的重要构成部分之一，设计师应该注意其文化性、艺术性、实用性的整体协调。关于茶器的造型、质地、配置、选购，应依据茶叶本身的特性以及茶人的品饮习惯确定。这里要说明的是，茶具造型与传统文化的和谐关系是设计过程中必须考虑的问题。因为茶器的造型会影响到空间的整体氛围，因此只有避免单调、粗糙的设计，才能营造出艺术情趣和高雅的品茶环境。

④茶桌。茶桌以古典风格、新中式风格为宜，当然亦可选择其他风格；但是家具的搭配要以简单实用为主，而木式家具可作为首要选择。

⑤铺垫。铺垫一般以布艺、草编为主。这要考虑茶器、泡茶者服饰等整体空间色彩的协调搭配，一方面遮挡桌子以保持茶具的干净，另一方面可起到烘托文化主题、渲染意境的空间效果。

⑥背景。这是创造视觉效应的元素之一，应根据茶会的主题摆设石器、盆景、布幔、屏风等。

总之，在禅茶空间的设计中，每个烦琐的过程背后都是想象力与创造力的体现与发挥。茶空间设计不仅仅要体现文化性，而且要把禅茶文化推广开来，在当下茶文化创意需求与茶消费发展都异常旺盛的时代背景下，深入挖掘禅佛文化，将其借鉴、引用到茶文化空间设计与装修中，这是非常重要的。

（二）茶室空间中的儒学文化设计

1. 茶文化中的儒学文化

众所周知，在我国历史上，儒家讲究的是中庸和谐之道，而在儒家的美学当中就可以深刻地体会到这一点。古代的文人雅士齐聚一堂，从而有了茶文化。儒家美学是如何实现“茶”与“文化”完美融合的呢?

（1）“茶”与“礼”。儒家认为，要达到中庸和谐，礼的作用不可忽视。在日常生活中总会有意识或无意识地体现礼仪教化，力图通过“礼”来达到一种和谐境界。“礼”所追求的是和谐，而茶的属性所产生的效果也正是和谐，同时茶器的形态也能体现出平稳、对称、庄重的意境，因而讲究茶礼便成为中国茶文化的一个重要内容。

唐宋宫廷每年都会举行大规模的“清明茶宴”，此后各朝代皆效仿，以茶荐社稷、祭宗庙，甚至朝廷会试皆有茶礼。这个时期，文人雅士渐渐地成为主要品饮茶的群体，他们在品饮茶的同时通常还对饮茶器具进行赏析，将茶壶、茶杯称为“茶娘”“茶子”，从口到足，从造型到釉色再到纹饰，边喝茶边品评，甚至吟诗作对发表自己的看法和赞美之情，从而彰显“茶”与“礼”

的亲和态度。可见，在古代的茶文化中处处贯彻着儒家所倡导的和谐精神。

（2）“茶”与“德”。儒家认为，饮茶可以使人清醒，可以养德，可以使人自省而修身，而茶道强调的正是茶对人格自我完善的重要性。茶从采摘到烘焙再到烹煮取饮均需洁净的环境。正因为如此，人们历来总是把茶作为人间纯洁的象征，将茶品与人品相联系，也说茶德似人德。长期以来，众多文人雅士极力推崇的不向恶势力低头的不屈精神、为正义事业献身的高风亮节、清正廉洁的优良品德等都与茶有着不解之缘。

（3）“茶”与“器”。茶道精神融入了儒家的中庸思想，呈现和谐朴素、清淡、廉洁等美德。这些在无形中影响着唐代瓷质茶具的造型特征，使得其造型特点总的倾向是自然大方，中规中矩，实用坚固，精巧而有气魄，单纯而有变化。另外，瓷质茶具中的装饰素材也很形象地体现了儒家思想。

（4）“茶”与“艺”。儒学茶艺是多项式的茶艺，可以用于舞台演出、茶室接待，当然还能用于个人及家庭的修身养性，由元帝时期的儒家茶艺改编而成。儒学茶艺能从各个价值观体现茶的属性和茶文化的作用，从而为文化人的日常生活及精神世界提供相对科学的处世原则。同时，它是雅兴的表达，也是个人文化品位的标志。我们可以通过茶艺增加文化知识，从中寻找到文化世界里更深更广的精神契机，从而提升自己的文化修养。儒学茶艺作为品茶空间内的重要载体元素，其所彰显出的各方面价值广为人们受用。

2. 茶室空间中的儒学文化设计

儒家推崇“仁治”“礼治”“德治”三思想，而“茶艺”正是集结三者精髓的良好载体，因此在设计儒学文化品茶空间时，一定要将“茶艺”元素考虑其中。

儒学茶艺由晋元帝时期的儒家茶艺改编而成。儒家茶艺源于西蜀武阳（今四川彭山），到唐代后期又改名为雅士工艺（见五代时期张正的《蜀水记》）。到宋朝盛世年间，巴蜀地区的儒家茶艺发展成与佛家茶道、道家茶道三分天下的格局，且被文人称颂为茶艺的文派。儒家茶艺是道、佛以及日本茶道和工夫茶道的先祖。前明书院静尘大师所著的《问茶品佛》所述：“唐巴蜀地内联外引，得文武工艺，复年同月入闽教法，后日东渡，教法无茶，久无种植，沿僧引，茶广。”之后，儒学茶艺在保留原有儒家茶艺的基础之上，将一些新开发的现代理念融入其中，明明白白理解茶叶，清清楚楚理解儒学，不追求莫明其妙的创词和规则，从而能更为直接地表达儒学思想与茶文化的内在联系。

儒家的思想是仁、礼，故而儒学茶艺的思想以仁中茶为艺术核心，基本上与意识流派的主张保持一致。由于我国大量的文化人诸如孔子、孟子、荀子、董仲舒、朱熹等都是儒家学派的人物，因此茶艺的表述也更为接近官方思想，能从各个价值观体现茶的属性和茶文化的作用，从而为文化人的日常生活及精神世界提供相对科学的处世原则。儒学茶艺是雅兴的表达，也是个人文化品位的标志。虽然对人物参与者不求身份的明确，但也不是非常感性的人可以所为的。冲泡茶叶是一件特别容易的事情，技术动作也非复杂之事，但对生活的理解和文化的考究却并不简单。在一批定式中的茶具、茶叶面前，演绎出茶艺固有的个性，并将其上升到一定的精神层面，这几乎成为大家共同的目标。

儒学文化在茶室空间的运用

儒学茶艺一贯提倡品茶人的文化修养，在其他文化专研方面未能达到一定高度的，可以通过茶艺增加文化知识，从中寻找到文化与茶最贴切的精神契机，从而提升自己的文化修养。这需要我们做到独立思考，摆脱多元物质挤压，从而步入悠然生活的境界。儒学茶艺共有 16 道技法，每一道技法都有深厚的内涵，亦是文人雅士深感爱慕的茶性世界。以下是儒学茶艺的全部技法和艺名。

（1）茶海：用于存放茶水，上面依次放上 5 个杯子，前方第一排从左至右为第一杯、第二杯、第三杯、第四杯，后排中间位置为第五杯；茶海左面从上方至下方依次是花瓶、茶罐、展示盘，右边从上至下为香炉、茶组、茶壶。

（2）盖碗：用于主泡茶叶。它是儒学文化的重要载体元素，决定着天地人和茶具的摆放位置。

（3）茶盘：用于摆放泡茶时需要用的茶具。

（4）茶壶：用于煎熬茶水。

（5）茶车：专门用于摆放各种茶具和茶叶冲泡表演的平台。

（6）品茗杯：客人品茶专用。

（7）茶漏：用于过滤茶汤。

（8）茶夹：用于清洗茶碗和茶杯等茶具。

（9）茶针：用于疏通积水口。

（10）茶托：用于向客人敬茶时摆放茶杯。

（11）茶花：用于改善品茶环境。

（12）茶香：用于清除品茶室的杂味。

（13）茶笔：用于清洗残茶叶。

（14）茶书：用于大家品茗时翻阅。

（15）茶台：用于客人写品茶感受文章。

（16）茶帖：用于客人留下文字语言。

儒学茶室空间中的茶器可以呈现出和谐朴素、清淡、廉洁的美德。

儒学茶室空间中呈现和谐、朴素、清淡、廉洁等美德的茶器

（三）茶室空间中的道学文化设计

1. 茶文化中的道学文化

中国茶文化的形成有着丰厚的思想基础，它融合了儒家、佛家、道家的思想和精华。儒家的“中庸和谐”学说以茶修德；佛教的普度众生以茶修性；道教长生观、养生观与“天人合一”以茶修心。儒、佛、道的思想互相渗透，互相统一，共同培育了茶文化这一传统文化百花园中光彩夺目的花朵。因此，我们有必要深入地探究茶文化与儒家、道家思想的联系，追寻佛教和道教对茶文化形成的影响，进而深入了解中国茶文化的思想基础和茶文化形成的轨迹。

不同于佛家的“苦、集、灭、道”四谛和儒家的“仁、义、礼、智、信”五常，道家以“天人合一”的哲学思想，树立了茶道的灵魂。同时，崇尚自然、崇尚朴素、崇尚真理的美学理念和尊生、贵生、坐忘、无己、道法自然的思想也对中国茶文化有着深远的影响。

（1）道教羽化成仙的长寿观对中国茶文化的影响。

道家思想从一开始就有长生不老的观念。人们如何才能得道而长生不老，羽化成仙呢？道士的答案之一就是服用某种含有“生力”的食物，借以收到特殊的效果。茶文化正是在这一点上与道教形成了原始的结合。西汉壶居士在《食忌》中说：“苦茶，久食成仙。”五代毛文锡提出服茶可以成仙。他在《茶谱》中说：“蜀之雅州有蒙山，山有五顶，顶有茶园，其中顶上又有清峰。”又说，“其地之茶，若获一两，以本处水煎服，即能祛宿疾；二两，当眼前无疾；三两，固以换骨；四两，即为地仙矣。”服茶可以成为“地仙”，就是地上活着的仙人。可见，茶的轻身换骨之功效早已被道教所理解，饮茶与道教得道成仙、羽化成仙的观念联系到一起。在道家看来，茶本身是同丹丸、经书一样的非凡之物，是可以引领凡人登陆仙境的作用之物，饮茶可以超凡脱俗。故而，一些道士为了达到长寿成仙的目的，视茶为甘露。

（2）道教清静无为的养生观对中国茶文化的影响。

道教的第一养生要旨是清静无为，这与春秋战国时道家的创始人老子、庄子的思想是相通的。他们认为，养生的关键是把生死看破，薄名利，洗宠辱，保持心地淳朴专一。老子、庄子的“清心寡欲”“与世无争”是一种符合自然法则的养生之道；只有“比上不足，比下有余”，自得其乐，才会使内心恬静。因此，“静”是道教的特征。而能与道教精神相辅相成者非茶莫属。茶者，自然之物也。茶树性喜潮湿，因为云雾笼罩，又生长在空气中湿度较大的山地区域，较少人涉足，故而常与清静相依。茶需要静下心来慢慢品尝，只有在宁静的意境下才能品出茶的真味，感悟出茶的要义，最后获得品饮的愉悦。唯有静品，方能使人安详平和，实现人与自然的完美结合，进而融入超凡忘我的境界。

卢仝的咏茶诗篇《走笔谢孟谏议寄新茶》，人称《七碗茶诗》，常被人引为典故。诗人紧闭柴门，独自品茶，情趣无限。每饮一碗茶，都有一层细细的体会，一连品茶七碗。诗曰：“一碗喉吻润，二碗破孤闷。三碗搜枯肠，惟有文字五千卷。四碗发轻汗，平生不平事，尽向毛孔散。五碗肌骨清，六碗通仙灵。七碗吃不得也，唯觉两腋习习清风生。”在平静与淡泊中，最后回归于自然、现实：“安得知百万亿苍生命，堕在颠崖受辛苦。便为谏议问苍生，到头还得苏息否？”忧及种茶人的辛苦。又如唐代的李季兰，又名李冶，是唐代的女道士和女诗人，和“茶圣”陆羽友善。她写了一首《湖上卧病喜陆鸿渐至》，曰：“昔去繁霜月，今来苦

雾时，相逢仍卧病，欲语泪先垂。强劝陶家酒，还吟谢客诗，偶然成一醉，此外更何之。”诗中无不蕴含着道教的自然、清静、无为之感。“静”是道家的重要范畴，把静看成与生俱来的本质。静虚则明，明则通，“无欲故静”，人无欲，则心虚自明。所以道家讲究去杂念，而得内在之精微。如《老子》云:“致虚极，守静笃。万物并作，吾以观其复。夫物芸芸，各复归其根。归根曰静，静曰复命。”《庄子》也说:“水静犹明，而况精神。圣人之心，静乎天地之鉴也，万物之静也。”老子庄子都认为致虚、守静达到极点，即可观察到世间万物成长之后各自复归其根底。复归其根底则曰静，静即生命之复原。水静能映照万物，精神进入虚静的状态，就能洞察一切。圣人之心如果达到这种境界，就可以像明镜一样，反映世间万物的真实面目。因此，道家特别重视“入静”，将它视为一种功夫，也是一种修养。

道家文化茶室空间中的茶器

道家在养生修炼的过程中已经非常熟悉茶叶的药用性能，当然会发现茶叶的自然属性中的“静”与其学说中的“虚静”是相通的，自然也会将道家的思想追求融入茶事的活动。所以道家对中国品饮艺术境界的影响尤为明显。中国茶道精神中“静”的特性与道家学说的关系极为密切。品茶作为一种文化现象，历来为文人雅士所喜爱，是因为茶淡泊、清纯、自然、朴实的品格与他们所追求的淡泊、宁静、节俭、谦和的道德观念相一致。从历代文人煎茶、咏茶的高雅意境中，我们不难悟出他们以“清静无为”之道来追求品饮中所蕴含的“超凡脱俗”的神韵，自觉地遵循返璞归真的茶艺、茶规。这一切无不洋溢着道家的气韵，无不闪烁着道教文化的色彩。这正是文人雅士在潜移默化之中深受道教文化的熏陶所致。

（3）道教“天人合一”的哲学思想对中国茶文化的影响。

道家主张“天人合一”。“天”代表大自然以及自然规律。古人认为“道”出于“自然”，即“道法自然”，不能把人与自然、物质与精神分离，他们之间是互相包容和联系的整体，强调“物我同化”和“情景合一”。这一学说在一定程度上反映了古人对自然规律的认同、对自然美的爱慕与追求。因此，古人常把大自然中的山水景物当作感情的载体，寄情于自然，以顺应人与自然的和谐。

受道家“天人合一”哲学思想的影响，中国历代茶人名家都强调人与自然的统一，传统的茶文化正是自然主义与人文主义精神高度结合的文化形态。“吸取了天地精气的自然之物——茶”与“天地宇宙之精灵——人”有着“性之所近”的可沟通性，即茶的清、和、雅、淡之性接近于人的清、静、虚、淡的品性，也正是基于这一点，茶的自然本性与人性品格在茶文化中能够得到高度的统一。

①人化自然。人化自然在茶道中表现为人对自然的回归渴望，以及人对“道”的认同。具体来说，人化自然表现为在品茶上乐于同自然亲近，在思想情感上能与自然交流，在人格上能与自然相比拟，并通过茶事实践体悟自然的规律。这种人化自然是道家“天地与我并生，而万物与我唯一”思想的典型表现。中国茶道与日本茶道不同，中国茶道对“人化自然”的渴求特别强烈，茶人在品茶时追求寄情于山水、忘情于山水、心融于山水的境界。唐代高僧灵一与亢居士饮茶时选择在白云深处的青山潭，相对而坐，在品茶时，也不忘体验山水之乐。他在《与亢居士青山潭饮茶》诗中写道：“野泉烟火白云间，坐饮香茶爱此山。岩下维舟不忍去，清溪流水暮潺潺。”身边潺潺的清溪流水映带左右，山间野泉烟云萦绕。席地而坐，清茶入口，香彻入心，浑不知此身处于何处之中，饮茶当此，方得尽其真味。而唐代诗人刘言史与好友孟郊，选择在洛北的野泉上亲自煎茶。在刘言史的《与孟郊洛北野泉上煎茶》诗中，为求得“茶”的“正味真”，用的是鲜火，取的是没鱼腥味的水，边饮茶边亲近大自然，如此摆脱人世间的纷扰与烦恼，创造一个新的心灵世界。此外，茶圣陆羽在《茶经》中提倡“精”与“俭”的茶道思想。“精”指茶、茶具、茶水及烹煮过程，必须精心选择，精益求精；“俭”指的是不搞奢华、不铺张，以自然为美。茶乃大自然的精灵，质朴无华，自然天成，文人寄情山水间，不思利禄，不问功名，“平生于物原无取，消受山中水一杯”。品茶一直被文人当成一种高雅的艺术享受，既讲究泡饮技艺，又注重情调，追求天然野趣。茶带给文人的是净化、是纯洁，心灵的纯净与山水融为一体，天人合一，找回最自然的真我。朱权在《茶谱》中最精彩的是饮茶环境的界定。在朱权眼中，茶能帮人“去绝尘境，栖神物外，不伍于世流，不污于

时俗”，“有裨于修养之道”，所以品茶一定要选在景物幽静之所，“或会于泉石之间，或处于松竹之下，或对皓月清风”。茶人也只有达到人化自然的境界，才能化自然的品格为自己的品格，才能从茶壶水沸声中听到自然的呼吸，才能以自己的“天性自然”接近、契合客体的自然，才能彻悟茶道、天道、人道。喝茶其实就是学习心境平和，有我亦无我，我似在自然，似有似无，无中又有，从而与自然的本体合而为一。

②自然化的人。“自然化的人”即自然界万物的人格化、人性化。中国茶道吸收了道家的思想，把自然的万物都看成具有人的品格、人的情感，并能与人进行精神上相互沟通的生命体，所以在中国茶人的眼里，大自然的一山一水、一石一沙、一草一木都显得格外可爱、格外亲切。正因为道家“天人合一”的哲学思想融入了茶道精神之中，在中国茶人心里充满着对大自然的无比热爱，因而茶人有着回归自然、亲近自然的强烈渴望。在中国茶道中，自然人化不仅表现为山水草木等品茗环境的人化，而且包含茶以及茶具的人化。人化茶境平添了茶人品茶的情趣。将茶与人格修养联系在一起，这已成为古人的一种思维习惯。正如南宋大诗人杨万里在《谢木韫之舍人分送讲筵赐茶》一诗中有云：“故人气味茶样清，故人风骨茶样明。”将老朋友的气质、风度比作茶叶，此乃极高的褒奖。在许多古人的著述中，以茶喻人已成为公认的隐喻。就如梅、兰、竹、菊等被喻为君子一样，茶也成为高尚情操的象征，因而饮茶也成为有德之人的雅集。

以茶写美人，是中国茶诗的重要主题，反映出历代文人士大夫品茶的美人情结。崔珏《美人尝茶行》诗云：“云鬟枕落困春泥，玉郎为碾瑟瑟尘。闲教鹦鹉啄窗响，和娇扶起浓睡人。银瓶贮泉水一掬，松雨声来乳花熟。朱唇啜破绿云时，咽入香喉爽红

玉。明眸渐开横秋水，手拨丝簧醉心起。台前却坐推金筝，不语思量梦中事。”慵懒的美人浓睡初起，纤纤玉手端着碧玉绿云似的一瓯茶，朱唇轻啜，香喉细咽。在茶的刺激下，美人渐渐清醒，于是明眸转出秋水，纤指拨动琴弦，心意迷茫，似乎还在深情回忆梦中的乐事。一连串的动作描写和心理描写使美人形象更加栩栩如生。以茶诗写美人者，以茶诗写爱情者，当推此诗为第一。苏东坡有一首把茶人化的诗：“仙山灵草湿行云，洗遍香肌粉未匀。明月来投玉川子，清风吹破武林春。要知玉雪心肠好，不是膏油首面新。戏作小诗君勿笑，从来佳茗似佳人。”苏轼戏把佳茗当佳人，茶的香、甜、醇、美总是使人充满美丽的想象——茶似美人。

③人与自然。文人以茶的品性自励自勉，不计一己之失，寻求自然与人的和谐。历史上，许多文人雅士如欧阳修、苏轼、陆游等名人的品饮已达到“天人合一”的极度辉煌的境界。苏轼一生坎坷多难，但茗事是他得以从苦难中自我解脱而达到旷达泰然的精神慰藉。他将人生理想与美学追求并行不悖地融入品茗雅事之中，其词《行香子·茶词》有云：“绮席才终，欢意犹浓，酒阑时，高兴无穷，共夸君赐，初拆臣封，看分香饼，黄金缕，密云龙。斗赢一水，功敌千钟，觉凉生，两腋清风，暂留红袖，少却纱笼，放笙歌散，庭馆静，略从容。”这首词惟妙惟肖地刻画了作者酒后煎茶、品茶时的从容神奇，淋漓尽致地抒发了轻松、飘逸“两腋清风”的神奇感受。《汲江煎茶》云：“活水还需活火烹，自临钓石取深清。大瓢贮月归春瓮，小杓分江入夜瓶。茶雨已翻煎处脚，松风忽作泻时声。枯肠未易禁三碗，坐听荒城长短更。”诗中前段描写月夜临江烹煮茶的情趣，后段以茶茗与自然的翻覆变化反衬世事的无常，从而平抚自己悲苦的境遇。欧阳修在《双

井茶》中云:“西江水清江石老,石上生茶如凤爪。穷腊不寒春气早,双井芽生先百草。白毛囊以红碧纱,十斤茶养一两芽。长安富贵五侯家,一啜犹须三日夸。宝云日注非不精,争新弃旧世人情。岂知君子有常德,至宝不随时变易。君不见建溪龙凤团,不改旧时香味色。”此首诗作于欧阳修晚年辞官隐居时,用于抒发感慨,对人间冷暖、世情易变作了含蓄的讽喻。他从茶的品质联想到世态人情,批评那种“争新弃旧”的世俗之徒,阐明君子应当以节操自励,即便犹如“建溪”佳茗被“争新弃旧”的世人淡忘了,香气犹存,本色未易,仍不改平生素志。一首茶诗除给人以若许品茶知识外,还论及了处事做人的哲理,给人以启迪。又用“吾年向老世味薄,所好未衰惟饮茶”,感叹世情之崎岖多变。当看尽人世沧桑之后,唯独对茶的喜好未曾稍减。

(4)道教茶道注重人与自然的和谐一体,注重尊生、贵生、坐忘、无己和道法自然。

①尊生。在中国茶道中,尊生的思想在表现形式上常见于对茶具的命名以及对茶的认识。茶人习惯于把有托盘的盖杯称为“三才杯”。杯托为“地”,杯盖为“天”,杯子为“人”,意思是天大、地大、人更大。如果连杯子、杯托、杯盖一同端起来品茗,这种拿杯手法称为“三才合一”;如果仅用杯子喝茶,而杯托、杯盖都放在茶桌上,这种手法称为“唯我独尊”。在对茶的认识上,古人认为茶是天涵之、地栽之、人育之的灵芽。对于茶,天地有涵栽之功,而人有培育之功,故人的功劳最大。

②贵生。贵生是道家为茶道注入的功利主义思想。在道家贵生、养生、乐生思想的影响下,中国茶道特别注重“茶之功”,即注重茶的保健养生功能以及怡情养性的功能。道家品茶不讲究太多的规矩,而是从养生、贵生的目的出发,以茶来助长功行内

力。如马钰的一首《长思仙·茶》写道:“一枪茶，二旗茶，休献机心名利家，无眠为作差。无为茶，自然茶，天赐休心与道家，无眠功行加。”可见，道家饮茶与世俗中热衷于名利的人品茶不同，贪图功利名禄的人饮茶会失眠，这表明他们的精神境界太差。而茶是天赐给道家的琼浆仙露，饮了茶更有精神，不嗜睡就更能体道悟道，增添功力和道行。更多的道家高人都把茶当作忘却红尘烦恼、逍遥享乐精神的一大乐事。对此，道教南宗五祖之一的白玉蟾在《水调歌头·咏茶》一词中写得很妙:“二月一番雨，昨夜一声雷。枪旗争展，建溪春色占先魁。采取枝头雀舌，带露和烟捣碎，炼作紫金堆。碾破香无限，飞起绿尘埃。汲新泉，烹活火，试将来，放下兔毫瓯子，滋味舌头回。唤醒青州从事，战退睡魔百万，梦不到阳台。两腋清风起，我欲上蓬莱。”

③坐忘。“坐忘”是道家为了在茶道达到“至虚极，守静笃”的境界而提出的致静法门。受老子思想的影响，中国茶道把“静”视为“四谛”之一。如何使自己在品茗时心境达到“一私不留”“一尘不染”“一妄不存”的空灵境界呢？道家为茶道提供了入静的法门，即为“坐忘”，忘掉自己的肉身，忘掉自己的聪明。茶道中提倡的，人与自然的相互沟通融化物我之间的界限，以及“涤除玄鉴”“澄心味象”的审美观照，均可通过“坐忘”来实现。

④无己。道家不拘名教、纯任自然、旷达逍遥的处世态度也是中国茶道的处世之道。道家所说的“无己”就是茶道中追求的“无我”。无我并非从肉体上消灭自我，而是从精神上泯灭物我的对立，达到契合自然、心纳万物。“无我”是中国茶道对心境的最高追求。近几年来，台湾海峡两岸茶人频频联合举办国际“无我”茶会，日本、韩国茶人也积极参与，这正是对“无我”境界的一种有益尝试。

⑤道法自然，返璞归真。中国茶道强调“道法自然”，包含了物质、行为、精神三个层次。在物质方面，中国茶道认为：“茶是南方之嘉木”，是大自然恩赐的“珍木灵芽”，在种茶、采茶、制茶时必须顺应大自然的规律，才能产出好茶。在行为方面，中国茶道讲究在茶事活动中，一切要以自然味美、朴实味美，动则行云流水，静如山岳磐石，笑则如春花自开，言则如山泉吟诉，举手投足、一颦一笑都应发自自然，任由心性，毫不造作。在精神方面，表现为自己的心性得到完全解放，使自己的心境得到清静、恬淡、寂寞无为，使自己的心灵随茶香弥漫，仿佛自己与宇宙融合，从而升华到“悟我”的境界。

2. 茶室空间中的道学文化设计

茶室设计并不是为了纯粹喝茶而喝茶，其崇尚、讲究的是一种静态人生的思考。结合道家“天人合一”的思想，在品茶空间设计中，既要把握整体空间的主题和格调，又要合理设计各要素的组合和搭配。

道家的思想在茶室建筑上的体现有很多方面，如结构、方位等。

首先从茶室结构来看，茶室利用中国古建筑木结构组合体系，内部也会多以木质品装饰，铺上木地板，按照构架组合形式及其各部构件的形状进行装饰，可以表现出强烈的质感和木材质饰面的特殊效果，比如说茶室经常挂上墨字木匾、木桌木榻等各种木纹木色的家具。除此之外，茶室内装饰的细节部分大多数运用静观艺术形式，现在多数茶室也融合了中西方装饰艺术的手法，形成了独特的艺术风格。茶室中经常可见的香炉，形状相似于道教的炼丹炉，青烟袅袅，正是一种极为安然的状态，香炉上的图案多为道教中神仙吉祥的纹理，这都是茶道中“道”的表现形式。

其次大部分道观室内装修的重点在梁柱、天花板、墙壁和道龛上，而茶室也与此相近，茶室的吊顶、天花板、墙壁装饰，都要求风格雅致，偏向淡泊清冷。除此之外，还附加了大量的陈设来渲染道观的宗教气氛。道教建筑以木构架为结构体系，它们的柱、梁、枋、檩、椽等主要构件几乎都是露明的，这些木构件在用原木制造的过程中，大都进行了美的加工，而现在单独设立的茶室，也有很多"彻上露明造"，也叫"彻上明造"，也就是无天花板（吊顶）的做法。在古时，设天花板的即殿阁型殿堂，以天花板为界，在结构上明确地上下分开。无天花板的，为厅堂式建筑，古时的茶室多为露明的，使梁柱等室内以及室内顶端的雕刻花式都为一个整体，现代茶室有足够空间的也会选用"露明"式装饰，这种一缕青烟渐渐消散于梁柱间的意境，也是一种道家无为的意境，同时露明式是一种无为之为，更是道家之道、茶道之道的体现。

二、茶室设计中的空间意境氛围营造

茶，中华文化之精灵。茶空间，人们释怀之心灵。"庭有山林曲，胸无尘俗思"的意境，体现的是人与自然的融合，清静悠闲，与烦嚣的闹市隔绝，符合现代人崇尚自然、返璞归真的追求。

当畅游在各种样式：古典气息的、现代感的茶空间时，你能体会到那醇厚的亲切感，那种闲居生活与喧嚣的都市氛围不同，返璞归真，回归自然，正是现代人的诉求。茶空间是供人们进行休闲娱乐、精神感受的不二场所，研究当代茶空间的室内环境精神层面的设计对于弘扬茶文化，使当代茶空间真正能负载更多的文化重任和使命有着积极的现实意义。

茶空间意境的营造，不仅要尊重中国传统文化，还要遵循形式美法则，它涉及茶空间的内外部协调，还有空间自身的意蕴塑造。这需要我们合理地运用变化与同一、对比与协调、节奏与韵律等设计手法，精准地对室内茶空间进行解析，然后就整体布局、功能分区以及人流走向等方面进行独立又最终化为整体的设计。之后还要通过对室内装饰的选择、材料的运用、色彩的把握以及光环境等方面进行精心的设计，为茶空间营造出和谐曼妙、合人心意的饮茶意境，使得每一个饮茶者在茶空间中体验到更多源于茶的美。下文分别以设计理念和设计方法介绍几种元素在茶室设计中的应用。

（一）山元素在茶室设计中的应用

1. 设计理念

山元素不仅对传统古典设计如园林设计具有十分重要的指导意义，对现代设计也起着举足轻重的作用。合理运用山元素在一定程度上对人的生理和心理都具有调节作用，良好的生态环境、清新的自然空间环境将满足人们向往自然的情感，调节人的心情，对人们的健康具有积极的促进作用。充满自然风、自然光、自然材料的新奇、绿色的空间环境，在很大程度上会影响人的生理反应，对身体有着良性的刺激，从而能够让人感到身心放松、心情舒畅。特别是在压力倍增的当今都市中，充分、合理地利用自然元素，满足人的视觉需要和感官的需要，创造出一种为人们所能直觉感受到的舒适氛围，是十分重要的。所以运用山元素来营造意境，不仅仅是精神层面的满足，对于人的心理和生理都有裨益。

2. 设计方法

山是静态景观自然要素中历史较为久远的元素，它的生态美给我们带来的审美意义是不可替代的。山体形态的相对丰富，在意境营造的过程中充满了无限的可能性。山元素不仅仅充当着造景、框景和障景等作用，还在色彩上能够统一环境的背景，并且有软化空间界面的作用。

山元素的运用以山石景观为例，室内摆放的山石中既有天然形成的石材也有人工制造的山石景观，山石景观以其宁静幽远的特质，巧妙地融入茶饮空间设计中。而室内植物景观多以盆景为主，在茶饮空间中置放设计精妙的盆景，既能陶冶人们的情操，又给人以绿意盎然的感受。

茶室山石景观

（来源：搜狗图片）

（二）水元素在茶室设计中的应用

1. 设计理念

水是生命之源，也是品茶之源，是茶道之源。茶叶一旦离开了水，就没有存在的价值，就失去了种茶的意义。所谓“茶水”，就是这样称呼而来的。

宋人斗茶，往往因水取胜。水为茶之母，好茶须好水。明人钟惺游君山，写《茶诗》三首，其一言茶与水的密切关系，诗云：

水为茶之神，饮水意良足。

但问品泉人，茶是水何物？

茶缘于水，水是茶的寄托，茶是水的溶化；茶艺是人的艺术，也是茶水的艺术；茶与水相依为命，生死与共，才成就了中国茶道，积淀了中国茶文化。明人张源《茶录·品泉》云：“茶者，水之神也；水者，茶之体也。非真水莫显其神，非精茶曷窥其体。”茶为水之神，水为茶之体；茶水，是神与形体的交融合一。非真正的好水就不能表现出茶的神韵，非精美的茶叶就不能窥见茶的形体。

2. 设计方法

水景。在室内自然景观元素中水是极其重要的一种元素。动态水景和静态水景分别是水景的两种表现形式。水幕、喷泉、瀑布和叠水分别是动态水景的观赏形式，此时水景灵动活泼且常伴有响声。而静态水景则给人以宁静的感觉，对水中植物和倒影以及游鱼的观赏会让人从心底里静下来。

水元素的设计主要体现的就是自然风光，因此，在茶室建筑中一定要融入自然风光。比较传统的茶室设计方法就是小桥流水的设计，在入门时让顾客走过一个竹桥，竹桥下是潺潺流水，而

背景就是竹子，远处绿绿葱葱的一片竹子，这种设计虽说比较常见，但是却特别符合茶室的特点，一是体现了古代风格自然风光，不是用钢筋水泥的建筑而是自然的材料，大家来茶馆就是为了摆脱钢筋水泥的压力，而不是再一次感觉那种压迫感，二是体现了古代文化，“梅兰竹菊”四君子是文人墨客追求的做人境界，这种设计可以让其内心得到满足。

水元素在设计中的运用很广泛，属于水体景观的范畴，是物质形式中吸引景观读者的焦点。水体作为动态的生态系统，可以调节局部小气候，通过自身的形态和视觉效果去感染受众，水体在流动的过程中产生水声，在风力作用下产生波纹，在光的作用下产生倒影，这是水体作为中国传统意境营造的重要载体的表现。

茶室水景

（来源：搜狗图片）

（三）自然元素在茶室设计中的应用

1. 设计理念

“自然”的含义太过广阔，究其根本是我们人类原本就属于自然。自然不仅仅是户外的物质，那些树木、云朵、动物等具有生命的物质是自然，那些透过表面深存于物质内部的特性，也是自然。自然无关乎表皮还是内在，因为它赋予物质生命，也关乎灵魂。

在茶饮空间的设计中，需要营造的是一种和风霁月的意境。让人有放松、愉悦之感。因此，设计中要更多地采用一些简洁随意的线条，自然环保的材料，使茶饮空间散发一种古朴、淡雅的自然本色。我国室内设计并不只是强调顺应自然，李渔在《一家言·居室器玩部》中说“窗权以明透为先，栏杆以玲珑为主，然此皆属第二义，其首重者，止在一字之坚，坚而后论工拙”，强调对自然材料的要求，在书中他还提出，窗框花纹可以变化多端，但是规格却要保持一致，以应对在不同的使用环境中对门窗的更换。《营造法式》中也讲到了很多关于材料尺度和对应变化的讲究，这种节约和可持续发展的思想体现了我国对自然的深刻认识和超前的环保意识。

除此之外，我们对于自然元素的运用不仅仅局限于对古代研究硕果的传承，在近代战事结束之后，我国对于在设计中如何运用自然元素的研究并未停歇，例如李世芬、冯路的《新有机建筑设计观念与方法研究》对在建筑设计中的转换和应用自然形态及其生态机能进行了具体阐述，则从尺度与形式模拟两个方面深入分析和探讨了仿生学对于建筑设计的指导意义；张广媚、杨留位的《自然的启发》提出了建筑自身能够成为一个独立完整的生命

有机体，同时探索和总结了自然元素与建筑设计相结合的方式。

2. 设计方法

在茶饮空间设计中自然景观元素的运用遵循三个原则。

首先为建自然之象。从设计的角度来说，就是对自然元素进行艺术性的处理，进而展现出丰盈的塑象效果。面对种种自然元素，设计师可以从技法的层面对素材进行门类甄别进而虚实处理，再借助感受主题对于“象”的通感感知和审美联想，进而使意境得以初步形成。

其次为塑自然之意。在茶饮空间的设计中，设计者可以通过时间维度、文脉传承以及营造体系三个范畴来塑造自然之意境。在茶空间中，设计者可以利用或者结合时间的不确定性和空间的自然美来营造意境，使人们能够享受其中，追求自然之意境美。

最后为立自然之境。第一是要感知自然的意向，对自然景观因素有初步的认知；第二是对自然意境的理解过程，主观加入自己的审美经验，产生深层次的意境认知；第三即要情景交融，将感知与想象互为融合，达到审美的最高层次。

我国自古就有朴素的自然观，在居住环境的营造上也极力接近自然。室内调节小气候的绿植，室外模仿自然的园林，甚至装饰用的字画古玩，都是自然主题，这些细处无不体现着自然的存在，以少见多的做法延续至今。在中国古代的室内装饰中，引入自然元素是自然而然的，其布局也大多都是与天地、四时、自然相呼应，“天有时，地有气，材有美，工有巧，合此四者然后可以为良”，由此可见，这四者便是好的室内设计所具备的条件。

自然元素在茶室设计中的运用

（来源：侯沐辰《自然元素在室内茶空间意境营造中的应用研究》）

自然材料制成的家具也是自然元素使用的一部分，主要包括实木家具、藤椅、柳编收纳篮等。自然材质的原木家具多数情况下只涂清漆，最大限度地保留了材质自身的色彩和肌理，使木材的纹路与疤痕可以清晰可见，保留了原本的天然之美。优质的原木家具不采用任何的人工油漆，家具散发出木质天然的香味，具备心理调节作用，有益于人们的身体健康。据调查研究，原木家具可以有效地缓解人们的压力。例如杉木散发出的香杉醇，具有舒缓人们紧张情绪的作用，从而使人们精神愉悦、身心放松。同时，天然木质的多孔纤维结构，能够有效减少噪声，为人们在闹市中创建一小片安宁空间。例如将一把藤编的摇椅放置家中，闲暇时分，坐于其中，足以荡涤平日工作中的疲惫不堪，足以荡涤现实生活中的紧张不安，还身心一份难得的舒适自在。

三、茶室设计中的禅意氛围营造

（一）禅意空间在茶室空间设计中的应用

禅意空间是宁静却不失优雅、远离喧嚣而不失消极颓废的空间。佛说“一叶一菩提”，茶室空间中的禅意基调是品茶入禅时的一种隐喻形式，不同人对其空间的禅意理解会有所不同，但都离不开禅中的自然、朴实与协调。自然如同本色，朴实便是内涵，协调则为一种生活情怀。禅意空间以其简朴、舒适、随意的特点，给人很强的吸引力，为空间营造一个宁静、安逸、平和的港湾，在这样的空间环境下，茶室摒弃雍容繁复的装饰，只剩禅意的风骨和博大的东方空间智慧。

茶室中富有禅意的空间设计

（来源：“搜狐号”米兰设计之旅）

禅意空间在茶室布局设计上营造了一种心境空灵的效果。让茶人在品茶的时候，可以独处在一个禅意空间里面，品着淡淡的香茗，身临其境，继而触景生情，达到情景交融、天人合一的境界。所以说，这样的茶室在布局设计上一定会有独到之处。其设计亮点体现在以下几个方面：

（1）亮点一：人们为了缓解快节奏生活带来的压力，对于精神需求也越来越高。人们会时常放下手中的忙碌，在茶室中悠然地品茶、散心，而茶室中的禅意空间便符合当代人的审美及要求。在禅意空间中融入现代化的简约元素，茶室便更能体现出东方的安逸之美，使得人们在品茶时能快速进入禅境，真正在禅意的静谧氛围中品味不同的茶茗，由此来体验自然，参悟禅意。

（2）亮点二：禅意的风骨，博大的东方空间智慧。禅宗破除一切外在表象的矫揉造作，崇尚天性的自由，反对拘束。对于禅茶空间的布局反对均匀与对称，杜绝机械式的平均布局，倡导空间的自由组合以及空间的灵动性。具体形式可采取“三分留白”“奇斜取势”等符合自然美的法则，使空间布局的形式更具有灵活性和随意性。“三分留白”指空间中的疏密感与轻盈感，过于紧凑会加重饮茶者的心理压力，也会使空间过于繁杂，失去禅意。“奇斜取势”指空间布局时的不规律感，在丰富空间的格局时，也能给空间带来自然的乐趣。因此，在禅意茶室空间设计布局上会享受到空间中所带来的禅意效果，在每一个角度上都能发现独到的亮点和布局创意，都能展现出中国艺术美的特色之处。

静谧的茶室

（来源：百度图片）

禅意茶室空间

（来源：花瓣网）

（3）亮点三：禅意茶室空间让人们看到之后眼前便可以浮现出一处静地，能够真正使茶人感受到内心的平静。禅主题是禅茶空间的核心，对禅主题进行发散式的联想有助于茶人走入禅境，打开其眼界和心境。禅茶空间中的地、墙面材质、家具、装饰的选择、空间的布局等都有助于茶人进行联想，进入禅境。这样展现出来的空间亮点和性价比都会不断地提高。

室内茶室空间设计

（来源：百度图片）

（二）禅文化在茶室空间设计中的应用

禅宗文化在时间历史的河流中漫长发展，其是汉传佛教与中国传统文化相结合的产物。禅宗文化无论是在艺术、建筑、设计还是中国传统文化上都产生了深远影响。自从“禅茶一味”的概念提出后，禅与茶便如影相随。在茶室空间设计中营造禅意氛围是顺应时代发展的产物且已经成为茶室空间发展的主流。在新中式茶室空间设计中营造禅意氛围不仅仅是物质层面上的设计，更是精神层面上的设计。

1. 茶室空间设计中禅文化的应用元素分析

（1）空间材质运用。

在禅意文化的影响下，空间的材质选择是茶室空间设计的基本元素之一，其中石材、木材、纸材是最常用的材质。石材给人们的感受是稳定、结实的，不同的石材通过不同的加工会产生不同的空间视觉效果。木材是人类历史上使用的第一个建筑材料，设计师在进行空间设计时，会对其进行加工，使木质品散发出高贵、典雅的气息。纸材质的表现形式丰富多彩，不同的纸材质在空间设计中会给人以不同的感受，其在不同的空间环境中会产生不同的效果。

禅茶空间中的材料一般都会选用天然的，如原木、石材、板岩、棉麻等。其材料本身所带来的色调、质感、纹理、造型，都给人以与大自然零距离亲密接触的感受，置身于温馨的原色色调、朴素的天造材质中，能让饮茶者有冥思静坐之感，犹如置身世外桃源一般，使茶人返璞归真，领悟禅文化的内涵。

木质茶室陈设

（来源：百度图片）

（2）空间色彩分析。

色彩是空间设计中的重要元素之一，直接决定整个空间的环境氛围和人们的主观感受。基于禅意文化影响下的新中式茶室空间色彩要素主要分为自然色和无色系两大类。自然色是指在禅意文化强调自然本色和追求回归自然提倡下的一类颜色，如原木色，给人安稳、平静的主观感受；石材色，给人质朴、归真的主观感受；植物色，给人回归自然、典雅的主观感受。无色系是指能够充分表现禅意颜色的黑、白、灰色系，白色在禅意茶室空间中应用较多，象征纯洁、无瑕，黑色是禅意空间中不可缺少的空间颜色之一，象征深邃、虚无，灰色在禅意空间中的应用可以很好地表达空间层次感，象征平静、自然。

无色系茶室

（来源：百度图片）

（3）空间装饰物分析。

在禅意文化的影响下，茶室空间中，空间装饰物要体现出简约、质朴的特点，通过合理的陈设摆放，创造出充满禅意氛围的空间环境。如造型简约的枯枝、山水、字画、陶艺等装饰符号，在禅意空间氛围中起到了烘托渲染的作用。

茶室中的陈设摆件

2. 禅文化在茶室空间设计中的营造手法

（1）空间布局的营造手法。

茶室室内设计深受禅意文化的影响，禅意文化通常会造成物体概念性缩小的结果，以“少”来体现禅宗文化中的“无”和“空”，正是这种简单的美感淋漓尽致地展现了禅意的精髓，呈现出不同以往的空间感受和禅意意境。

①在空间布局中进行留白。如在狭小的空间只将一幅书画挂在墙上，下面花瓶装有一些野花，淡雅、空灵的氛围便油然而生。

茶室一角

（来源：百度图片）

②在室内陈设时采用不对称的方式。由于禅的精神旨在自然和原生，强调美好的事物都有一丝残缺，因此要注重布局的不对称性。

（2）材质上的选择。

在室内设计中，取材大多源自木、石、竹、麻、花等天然材质，尽量避免过多人工修饰的材料。在基于禅意文化影响下的新中式茶室空间设计中，整体空间材质大部分选择干花、石板、竹子、干草、藤等天然材料。在茶室空间中，要想很好地传达禅意就必须运用多种具有禅意符号的材质进行设计，如樟木、榉木、楠木、草、席、竹等，营造出自然的效果，突出天然之美。

茶室空间中的天然之美

（来源：百度图片）

（3）陈设景观及装饰物的布置。

在禅意空间中，除禅意家具本身外，还要在整个空间中强调禅的韵味。禅的精髓就是清净、空灵，使人们放下世俗，回归自然。如在茶室空间设计中运用山水景观，通过砂、石、青苔等元素的摆放，营造出一种让观者产生无限思维遐想的空间，从而进行很好的禅意表达。

在装饰物的布置上，可以采用雕花、竹帘、古玩、盆栽等传达禅意文化。“清逸起于浮世，纷扰止于内心”，在寂静的茶室空间中，一幅字画、几个盆栽、一件陶器，都能体现禅心。设计的最高境界便是让人感觉到无设计的自然设计，也是在禅意文化影响下对美的追求。

茶室空间设计中的陈设景观
（来源：百度图片）

（三）茶礼对茶室空间设计的影响

中国古代文人饮茶注重“六境”：择茶、选水、配器、佳人、环境、饮者修养。其核心都在一个“品”字，十分强调饮茶者的意境，方能得趣、得神、得味。文人雅集茶饮、置茶、煎煮、品饮等都十分讲究，其中唐代的越窑、邢窑中的青瓷和白瓷茶具尤其精美，宋代兔毫建盏开始流行，明代紫砂盛行。除了对茶器有要求，风炉、茶筅、茶罐等配器也十分讲究。在现代空间设计中“配器”成为室内空间软装设计的重要组成部分。饮茶环境中讲究琴、棋、书、画、香。在空间设计时讲究文化内容及传承，达到心、神、境的和谐。饮茶修养是对个人思想的追求。将茶礼的“六境”归纳为三部分，择茶、选水、配器归为物，佳人、饮者修养归为人，环境即为品茗环境，三者相互影响、相互制约，互为决定性因素。

茶礼对茶室空间的影响主要有配器与软装以及品茗环境两个方面。

1. 物影响环境（配器与软装）

（1）茶器。茶器的选择要以茶叶本身的特性来决定。根据不同茶叶选择不同的茶器浸泡。茶器主要有青瓷、白瓷、建盏、紫砂，景德镇的瓷器，等等，它们各有特色。在选择茶器时，要注重文化性、实用性、艺术性。不同造型和质地的茶器会影响其他器物的搭配，在茶器选择时首先应该确定茶室空间的风格与主题，然后再进行应用。

景德镇茶器

（来源：百度图片）

（2）文化饰品。随着时代的发展，人们对品位、精神的需求越来越重视，因此茶室空间的设计美学也越来越重要。利用不同的文化饰品营造空间氛围成为空间软装搭配的首要方法。在空间设计时可以让不同的空间配置不同的文化饰品，以期达到一房一调之雅。中式风格与日式风格主题都为体现禅意，但饰品的选择却截然不同。日式茶室内多使用插花，日式插花以花材用量少、选材简洁为主流，其以花的盛开、含苞、待放代表事物过去、现在、将来，强调花与枝叶的自然循环生态美姿是宇宙永恒的缩影；而中式茶室多应用挂画，以中国传统写意水墨画或书法搭配，追求脱俗的境界，不同饰品力求达到和谐统一。通过这些文化饰品的暗示、隐喻等方法引领品茗者进入“禅茶一味”的思想境界。

茶室中的挂画

（来源：百度图片）

（3）家具。家具是茶室空间的主体。家具以实木家具为主，其中中式家具主要以明清家具为典范，圈椅、官帽椅、鼓凳等为主的典雅、素洁坐类家具，及长条楠木、鸡翅木、花梨木等自

然、朴实的实木类桌案为茶桌。自然风格主要以根雕木桌为主的茶桌和原木圆凳为主，追求本色，效法自然。日式风格主要以榻榻米上的矮桌和藤编的坐垫为主，主要精神参悟禅宗思想。自然风格有石头茶桌、藤制茶桌、竹制茶桌等材料制品。不同材质家具具有不同的触感，引发不同的联想，进而带来不同的精神感受。

茶室家具

（来源：百度图片）

（4）茶与装饰材料。原木、石材、板岩、织物、棉麻、陶器等天然的建筑材料，具有不同的质感、色泽、纹理。通过这些建筑材料可以营造自然舒适的空间，让品茗者仿佛置身大自然之中，以此感受返璞归真、人与自然和谐统一的心境。

茶室装饰材料样图

（来源：百度图片）

2. 环境制约物的选择（品茗环境）

茶室空间设计，主要以大厅的开放空间及私密空间为主。开放空间是茶室空间的主题，起着连接私密空间的作用。空间动线、空间序列是评价茶室空间是否合理的重要因素。良好的空间序列必须采用适宜的材料进行隔断以达到主题的需要。

（1）空间的隔断：在材料的选用上首先以天然的建筑材料为佳，例如竹子。竹子实用性较强，可以移入室内，营造自然的美感；加工处理的竹子与儒家思想倡导的朴实、自然相呼应。竹子的应用，顺应自然的人文精神，也与绿色、生态与茶文化的可持续性相体现。其次，屏风、盆栽也可以来区分实体与虚体空间，达到清新自然的饮茶环境。

（2）空间的借景：茶室空间讲究以小见大的格局观。通常借鉴古典园林手法，应用到空间中。借植物、群山等自然景观，借

建筑、庙宇人为景观，借日出、日落、天气变化等天文气象，以鸟语花香、芭蕉听雨等声音和气味等实借来扩大空间，也可以以光线反射、折射等虚借来增加空间的趣味性。通过漏墙、窗棂、隔断让空间达到隔而不断的效果。运用自然光和人工光来塑造空间，让空间更有灵性，进而启发人的领悟与悟道思想。

（3）空间的氛围：强调人与环境，环境与环境的和谐，体现美学价值。茶文化有其特定的历史文化底蕴及文化内涵。中式风格崇尚天人合一、人与自然和谐统一，其空间布局中侧重轴线的应用，庄重而不失雅致；田园风格贴近自然、回归自然，展现朴实生活气息；空间大量运用天然材料为装饰用材，体现休闲、恬静的自然气息。日式风格更注重返璞归真、与自然和谐统一，讲究禅意、淡泊宁静、清新脱俗的生活追求。擅长表现空间的流动与分隔，流动则为一室，分隔则分几个功能空间，在空间中让人静静地思考，禅意无穷。轻奢主义，随着时代的发展，年轻一代消费观的转变，更加注重生活品质的轻奢主义者越来越多，他们对空间的环境要求越来越高，在塑造空间氛围及软装搭配时应更加注重细节及材料搭配。五感的设计，宋代文人有着优雅的生活美学，焚香重嗅觉之美，品茶重味觉之美，插花重触觉之美，挂画重视觉之美。

四、茶室设计中的色彩设计

色彩设计中的重要元素，也是人们生活中必不可少的一类视觉符号，它有非常强的表现力，其本身就蕴含着特殊的寓意。色彩是装饰设计中的重要组成部分，同时也是进行氛围营造的重要手段，不同地区、民族都会有其钟爱的地域文化色彩和民族色彩语言，要根据不同的地域特点和文化特点对其进行色彩和色调的选择，通过色彩的搭配和氛围的营造能够体现出中国传统文化的氛围。比如中国传统文化中较为钟爱原木色、红木色以及白色、灰色等单色系，通过大量的布置使用形成统一协调的整体色调，体现出明显的中式风格。

比如红色代表热情、奔放：蓝色代表忧郁等，这些色彩可以让人们产生复杂的感情，引发不同的联想，因此色彩是意境的忠实守卫者。

值得一提的是，在茶空间中我们可以将自然的色彩引入设计之中，比如水的澄清透明、叶的嫩绿清新等，会让空间产生丰富的色彩效果，产生一种独属茶空间的特殊的美妙意境。

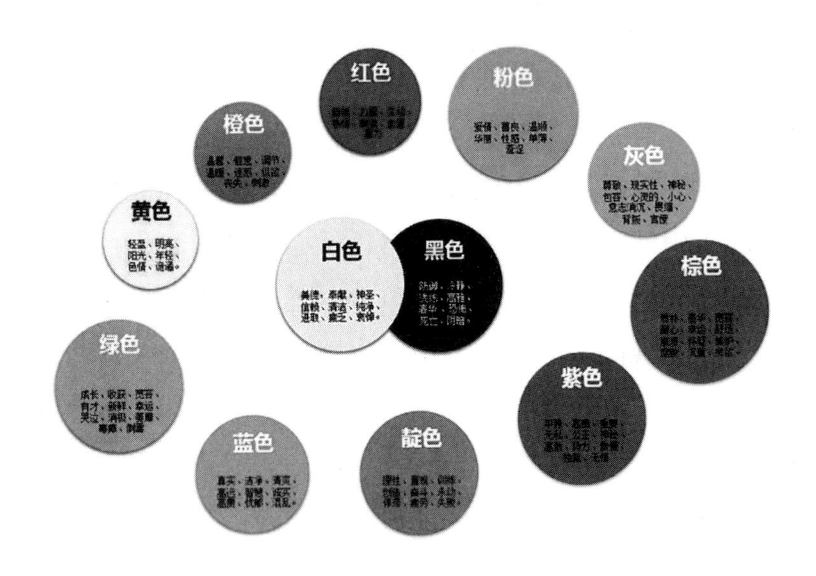

色彩营造

（来源：侯沐辰《自然元素在室内茶空间意境营造中的应用研究》）

色彩可以表达特定空间的主题内容，而空间的主题内容通过

色彩传递情感，使人、物体和色彩交融形成特定的意境。就茶空间这一特定的环境，其室内设计的色彩不仅要从传统色彩的审美接受上考虑，更要从受众的心理层面考虑。据研究表明，室内色彩的对比度越高，人停留的时间就越短。这种对比包括色相、明度、纯度的对比，因为视觉冲击越猛烈，越容易使人产生烦躁、厌倦的情绪：同时，色彩的色调与顾客的时间感知存在一定关系。

茶空间色彩的转换关系中，室内空间的色彩应以暖色调为主，与少面积的冷色调相互补，达到色彩的平衡和变化。按茶空间的空间布局不同，收银、等候区的色彩明度和纯度较高，能使人产生短时间的兴奋，从而对茶馆有个好印象。饮茶空间的色彩若处于中低等明度和对比度，可以使顾客感到舒适、放松的同时也感到低调而有质感和档次。同时色彩丰富的空间可以表达情感，这种色彩营造出的情感，一是可以突出强调特定的场所精神；二是可以烘托出特定的文化氛围；三是形成特定的意境。

具有中国特色的茶空间在室内色彩设计中呈现两种倾向：一种是沉稳、内敛的室内装饰化的风格；一种是清新、自然的园林景观元素介入的风格。整个空间色调一部分是由墙、地、顶作为空间界面来体现的，一部分是由室内陈设来体现的，这两方面是空间和载体、整体和局部的关系，都围绕茶空间营造的意境主题为核心，但随着近些年来西方设计思潮和全球化的影响，越来越多的茶馆开始走一些现代简约或者个性路线，这也为茶空间的配色创造了新的可能，特别是在民智已开的今天，人们越来越重视内涵的挖掘，所以对于茶空间的配色已经不再停步于传统的自然配色，怎样从自然色彩中抽离出高度提纯又能表现自然的配色正是现代茶空间意境营造需要思考的一个问题。

茶室陈设设计

一、品茶空间的装饰设计要素

（一）将设计要素按照用途分类

唐代文学家皮日休《茶具十咏》中所列出的茶具种类有茶坞、茶人、茶笋、茶籯、茶舍、茶灶、茶焙、茶鼎、茶瓯、煮茶。在各种古籍中还可以见到的茶具有：茶磨、茶碾、茶臼、茶柜、茶榨、茶槽、茶筅、茶笼、茶筐、茶板、茶挟、茶罗、茶囊、茶瓢、茶匙等。据《云溪友议》说："陆羽造茶具二十四事。"如果按照唐代文学家《茶具十咏》和《云溪友议》之言，古代茶具至少有 24 种。在此，便只根据历史中的记载解析，讲述其中的 11 种茶具。

（1）茶鼎。《茶经》中关于茶鼎的描述大意是：风炉，用铜或铁铸成，像古鼎的样子，壁厚三分，炉口上的边缘九分，炉多出的六分向内，其下虚空，抹以泥土。炉的下方有三只脚，铸上镏文，一只脚上写"坎上巽下离于中"，一只脚上写"体均五行去

百疾”，一只脚上写“圣唐灭胡明年铸”。三只脚间开三个窗口。炉底下一个洞用来通风漏灰。窗口上书“伊公羹，陆氏茶”。炉上设置支撑釜的垛，其间分三格。一格上有只野鸡图形。野鸡是火禽，画一离卦。一格上有只彪的图形。彪是风兽，画一巽卦。一格上有条鱼的图形。鱼是水虫，画一坎卦，“巽”表示风，“离”表示火，“坎”表示水。风能使火烧旺，火能把水煮开。炉身用花卉、流水、方形花纹等图案来装饰。

（2）茶磨。茶磨用石质材料加工而成，“转运”是宋代负责一路或数路财富的长官，字面上看有转运之意，与磨盘的操作动作吻合。其样式基本一致，只是随着历史演变，逐渐变得小巧精致。

（3）茶碾。茶碾由碾槽、碾座、辖板组成。碾槽卧置于碾座之中，弧形尖底，横剖面呈“V”字形，碾座为长方形，横剖面呈“Ⅱ”状，其顶面台板和底板均较碾槽宽大，以此增强座的稳定性；碾轮中心插置执柄，碾轮中心较厚，边缘渐薄，周边游出横向齿槽，以便碾轧。

（4）茶臼。茶臼可分为两类。一类是茶叶加工制作过程中用于捣烂蒸青鲜叶的杵臼，也就是《茶经·二之具》中提到的“杵臼一曰碓，惟恒用者佳”。这类茶臼体量相对较大，臼腹也相对较深。另一类茶臼就是把成品茶研成末的工具，又名茶研钵，通常为碗状，腹或深或浅，器内多涩胎无釉且有纵横交错的划痕。

（5）茶柜。摆放在茶室中的茶柜大多是木质的，主要是为了符合茶室的静与净的特点。而木质的茶柜主要由其外表的雕刻花纹或者绘画来搭配茶室的风格。

（6）茶筅。茶筅是古时的一种调茶工具，由一精细切割而成的竹块制作而成。其在现代成为日本茶道中必备，也只在日本还有使用。一般以竹制作，将细竹丝系为一束，加柄制成。

茶筅

（来源：百度百科）

（7）茶罗。茶罗是古时烹茶程序之一。罗即筛，罗茶即筛茶。罗由罗盖、罗筛和罗底组成。罗圈用柘木制成，称“柘”，一般用剖开的大竹弯曲而成，蒙上质地细致、用水漂洗净的纱或绢做罗面。宋代蔡襄《茶录》：“茶罗以绝细为佳，罗底用蜀东川鹅溪画绢之密者，投汤中揉洗以幕之。”宋徽宗赵佶《大观茶论》：“罗欲细而面紧，则绢不泥而常透。……罗必轻而手不压数，庶几细者不耗，惟再罗，则入汤轻泛，粥面（茶汤表面引者）光凝，尽茶色。”罗茶时，将罗筛套上罗底，再将碾碎的茶粉自碾移入罗筛内，加上盖筛转，以防筛茶时茶粉飞扬。筛下茶称“罗末”。古时的纱与绢孔眼大，罗末细的如“碎米”，粗的如“菱角”。宋代蔡襄《茶录》曰：“罗细则茶浮，粗则沫浮。”

（8）茶灶。古人煮茶要用火炉（即炭炉），唐以来煮茶的炉通称“茶灶”。宋代杨万里《压波堂赋》有“笔床茶灶，瓦盆藤尊”之句。唐诗人陈陶《题紫竹诗》写道：“幽香入茶灶，静翠直

棋局。”可见，唐宋文人墨客无论是读书，还是下棋，都与“茶灶”相傍，又见茶灶与笔床、瓦盆并列，说明至唐代开始，“茶灶”就是日常必备之物了。

（9）茶焙。古时把烘茶叶的器具叫“茶焙”。据《宋史·地理志》提到“建安有北苑茶焙”。又依《茶录》记载说，茶焙是一种竹编，外包裹箬叶（箬竹的叶子），因箬叶有收火的作用，可以避免把茶叶烘黄，茶放在茶焙上，要求小火烘制，就不会损坏茶色和茶香了。

（10）茶壶。茶壶在明代得到很大的发展，在此之前有流、带把的容器皆称为“汤瓶”，亦谓“偏提”，到了明代真正用来泡茶的茶壶才开始出现，壶的使用弥补了盏茶易凉和落尘的不足，虽然有流有柄，但明代用于泡茶的壶与宋代用来点茶的汤瓶还是有很大的区别，明代的茶壶，流与壶口基本齐平，使茶水可以保持与壶体的高度而不致外溢，壶流也制成S形，不再如宋代强调的“峻而深”。明代茶壶尚小，以小为贵。

（11）茶匙。茶匙可谓是茶具中颇具代表性的一种，历史考究大有意义。其中对它的历史记载考据较多，其造型的精巧不言而喻，简练中不失奢华。茶匙用于击拂茶花，因此匙柄长且直，匙面较为小巧，凹度较小，长度、大小及其重量都充分契合了茶匙的功能性。在功能性十分到位的同时，它们也极具形式美。茶匙造型规整，银质柄及鎏金花纹凸起，使平直的匙柄富有变化，造型纤细流畅，有轻盈精巧之灵气。由此可见，唐代金银工艺造型之严谨，技术之高超，真可谓是巧夺天工。这里可以总结为“工巧美”，是一种精巧细致之美。茶匙做工的精与巧不仅仅体现在造型上，还在装饰纹样的添加上，纹饰之趣味在于取自然之美，饰金贵之物，是一种“自然美”。与前代不同，唐代文化具有包

容性，思想开放、多元文化的融会及宗教思想的传播，使他们乐于去欣赏和利用自然之美，茶具器皿上的图案纹饰是很好的体现。飞鸿纹、流云纹、藤蔓纹、莲蕾纹都是汲取了自然之美，它们带有大自然的生机，还有一种若隐若现的流动之感，重复中富有变化，静中有动，极富韵律，这不仅是装饰的韵律，更是人生的一种韵律。这里可以总结为“韵律美”。茶匙精致小巧，各个部分都制作得纹丝不乱，从整体造型到部分花纹图案装饰，与男性的豪迈、粗狂之美相比，其阴柔之气更加浓厚。这种阴柔之美不仅仅是从外表的造型、色彩、装饰上表露出的，更在于一个时代人的精神的注入，或者说是审美品味的融入。在茶匙的制作工程中，工匠在注重自身技艺与审美表达的同时，主要迎合茶具使用者的审美趣味。

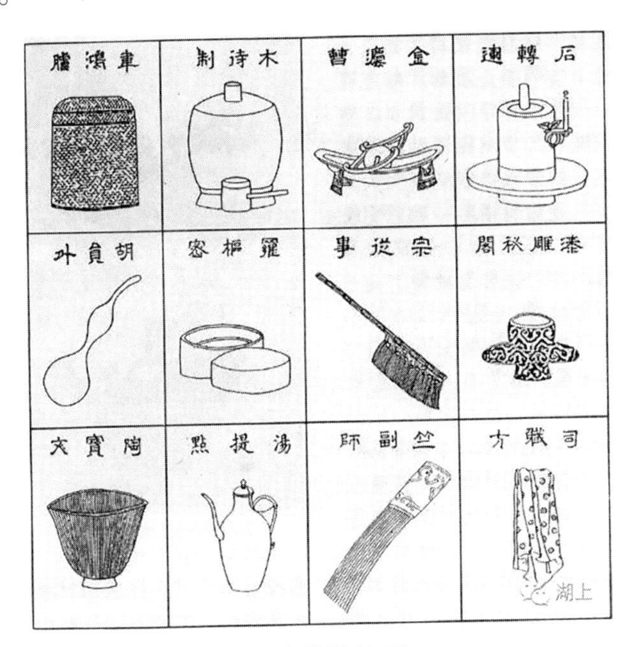

12 种茶具绘图

（来源：百度百科）

（二）将设计要素按材料种类分类

1. 瓷器茶具

瓷器茶具的品种很多，其中主要的有：青瓷茶具、白瓷茶具、黑瓷茶具和彩瓷茶具。

（1）青瓷茶具。青瓷茶具以其质地细腻，造型端庄，釉色青莹，纹样雅丽而蜚声中外。这种茶具除具有瓷器茶具的众多优点外，因色泽青翠，用来冲泡绿茶，更有益汤色之美。不过，用它来冲泡红茶、白茶、黄茶、黑茶，则易使茶汤失去本来面目，似有不足之处。

龙泉青瓷

（来源：百度图片）

（2）白瓷茶具。白瓷茶具有坯质致密透明，上釉、成陶火度高，无吸水性，音清而韵长等特点。因色泽洁白，能反映出茶汤色泽，传热、保温性能适中，加之色彩缤纷，造型各异，堪称饮茶器皿中之珍品。这种白釉茶具，适合冲泡各类茶叶。加之白瓷茶具造型精巧，装饰典雅，其外壁多绘有山川河流，四季花草，飞禽走兽，人物故事，或缀以名人书法，又颇具艺术欣赏价值，所以使用最为普遍。

（3）黑瓷茶具。“建安所造者……最为要用。出他处者，或薄或色紫，皆不及也。”建盏配方独特，在烧制过程中使釉面呈现兔毫条纹、鹧鸪斑点、日曜斑点，一旦茶汤入盏，能放射出五彩纷呈的点点光辉，增加了斗茶的情趣。明代开始，由于“烹点”之法与宋代不同，黑瓷建盏“似不宜用”，仅作为备用而已。

（4）彩瓷茶具。彩瓷茶具的代表是青花瓷茶具，其实是指以氧化钴为呈色剂，在瓷胎上直接描绘图案纹饰，再涂上一层透明釉，而后在窑内经1300℃左右高温还原烧制而成的器具。瓶身的花纹蓝白相映成趣，有赏心悦目之感；色彩淡雅幽静可人，有华而不艳之力。加之彩料之上涂釉，显得滋润明亮，更平添了青花茶具的魅力。

（5）红瓷茶具。红瓷茶具因其工本昂贵，烧制难度极大，成功率不高，所以寻常难以用到，但是考虑到红瓷在当今中国的茶具地位，特此说明。红瓷历来就是古代皇室和国内外收藏家所求的珍品，千百年来历朝创烧的红釉瓷器中，唯独没有象征吉祥喜庆最为中国人喜爱的大红色瓷。而今借鉴我国历代红釉瓷烧制经验，运用现代科技手段，进行配方创新，使用比黄金还贵重的稀有金属“钽”，历经数年终于在高温下能批量烧制出与国徽、国旗一致的，极为纯正的正红高温红釉瓷。从此，昔日只有皇室专享的彰显富贵尊崇的红釉珍品，如今成为走出国门的国瓷珍品、国宾礼品、政务礼品，也成为日常生活中的商务礼品、节庆礼品、收藏品等。开创了中国历世陶瓷新篇章，寓示着中国繁荣富强。

2. 紫砂茶具

紫砂茶具属陶器茶具的一种。它坯质致密坚硬，取天然泥色，大多为紫砂，亦有红砂、白砂。成陶火度在1100℃~1200℃，无吸水性，音粗韵长。它耐寒耐热，泡茶无熟汤味，能保真香，且传热缓慢，不易烫手，用它炖茶，也不会爆裂。因此，历史上曾有“一壶重不数两，价重每一二十金，能使土与黄金争价”之说。但美中不足的是受色泽限制，用它较难欣赏到茶叶的美姿和汤色。

3. 木鱼石茶具

木鱼石茶具是指用整块木鱼石做出来的茶具，主要包括茶壶、酒壶、竹节杯、套筒杯、冷水杯、茶叶筒等。

4. 漆器茶具

福州生产的漆器茶具多姿多彩，有“宝砂闪光”“金丝玛瑙”“釉变金丝”“仿古瓷”“雕填”“高雕”和“嵌白银”等品种，特别是创造了红如宝石的“赤金砂”和“暗花”等新工艺以后，更加鲜丽夺目，惹人喜爱。

5. 竹木茶具

竹编茶具由内胎和外套组成，内胎多为陶瓷类饮茶器具，外套用精选慈竹，经劈、启、揉、匀等多道工序，制成粗细如发的柔软竹丝，经烤色、染色，再按茶具内胎形状、大小编织嵌合，使之成为整体如一的茶具。这种茶具，不但色调和谐，美观大方，而且能保护内胎，减少损坏；同时，泡茶后不易烫手，并富含艺术欣赏价值。因此，多数人购置竹编茶具，不在其用，而重在摆设和收藏。

6. 玻璃茶具

在现代，玻璃器皿有较大的发展。玻璃质地透明，光泽夺目。外形可塑性大，形态各异，用途广泛。用玻璃杯泡茶，茶汤色泽鲜艳，茶叶细嫩柔软，其在整个冲泡过程中的上下翻动，叶片的逐渐舒展等，可以一览无余，可说是一种动态的艺术欣赏。特别是冲泡各类名茶，玻璃茶具更显得晶莹剔透。杯中轻雾缥缈，澄清碧绿，芽叶朵朵，亭亭玉立，观之赏心悦目，别有风趣。而且玻璃杯价廉物美，深受广大消费者的欢迎。

而玻璃器具的缺点也显而易见，其容易破碎，比陶瓷烫手。

7. 搪瓷茶具

在众多的搪瓷茶具中，洁白、细腻、光亮，可与瓷器媲美的仿瓷茶杯；饰有网眼或彩色加网眼，且层次清晰，有较强艺术感的网眼花茶杯；式样轻巧，造型独特的鼓形茶杯和蝶形茶杯；能起保温作用，且携带方便的保温茶杯，以及可作放置茶壶、茶杯用的加彩搪瓷茶盘，受到不少茶人的欢迎。但搪瓷茶具传热快，易烫手，放在茶几上，会烫坏桌面，加之“身价”较低，所以，使用时受到一定限制，一般不作居家待客之用。

8. 冰裂茶具

冰裂茶具因茶杯杯身有似冰裂的痕迹，因此而得名。其选用天然的陶瓷泥料，运用独特的加工技术精制而成，具有外形光亮、细腻美观、杯壁厚、不烫手、散热快等特点。

主要的七种颜色是：赤、橙、黄、绿、青、蓝、紫。

什么是冰裂釉：冰裂釉是指在多层次的立体结构裂纹，造成犹如花瓣般的层面。杯壁厚实，口缘宽敞，釉层薄、质细，釉面上有不规则的细碎层层叠叠，好似竖冰乍裂，立体感很强，极富艺术魅力。

9. 陶土茶具

最初是粗糙的土陶，然后逐步演变为比较坚实的硬陶，再发展为表面敷釉的釉陶。宜兴古代制陶颇为发达，在商周时期，就

出现了几何印纹硬陶。秦汉时期，已有釉陶的烧制。

10. 金属茶具

金属茶具是指由金、银、铜、铁、锡等金属材料制作而成的器具。用金属制成贮茶器具，如锡瓶、锡罐等，因其密闭性要比纸、竹、木、瓷、陶等好，具有较好的防潮、避光性能，更有利于散茶的储藏，因此得以流行于世。

11. 石茶具

石茶具取材于天然石头，雕刻一些比较含蓄有意义的题材加为装饰，附加在有实用功能的茶盘上，而形成一种新型茶具产品。

石雕茶盘的制作，是根据石头的天然特性，设计加工精雕细琢而成。因为石头具有硬度大，密度强，颜色天然，遇冷遇热不变形、不开裂、不褪色，磨光后不会吸茶色等优点，所以用石头雕刻制作而成的石雕茶盘，美观大方，经济实用。实乃赋石头之灵性，兼水土之并容，五行相行，让茶叶回归自然。

石茶盘的材质可分为天然与人工合成两大类型；规格可分为规则与不规则；色彩可分为纯色与混色；排水外观可分为“隐藏式”与“外露式”；排水方式可分为储水式与直排式；雕刻方式可分为平面写意雕刻与平面写真立体雕刻。

二、茶室室内装饰设计要素

（一）茶室设计中的硬装饰

硬装饰用于修饰与完善建筑内部及表面，以实现美化房屋的目的，对茶室设计起到两点作用。首先，茶室设计中的硬装饰具有主导作用，在进行硬装饰设计时要立足于建筑结构，按照个人要求改造与装饰空间，进而重组与分离空间。其次，茶室设计中的硬装饰具有区分功能、环境的作用，其可以重新组合茶室的内部空间，让空间布局更加合理，形成虚拟、静态、动态等不同的环境空间。

硬装饰是在建筑完成基本框架后开展的内部装饰，其明确茶室内各部分的功能，处理建筑物的屋顶、地面、墙面，让上述环节的线、面、手感、颜色、大小更加舒适、合理，将茶室内的不同方面相联系、相融合，建立起协调、合理、有机的整体。

（二）茶室设计中的软装饰

茶室设计中的软装饰借助家具、装饰物全面修饰茶室空间，让空间更加温馨、舒适，其体现在以下两点。首先，软装饰所烘托出的空间氛围是茶室设计者对人性化休闲空间的要求。多种类型软装饰因为其风格、肌理、材质的差异，让茶室体现出不同的人文气质、表现力和个性，为饮茶者提供轻松、愉悦的精神享受和生活体验。其次，软装饰建立的空间环境可以满足不同层面消费者的要求，通过分析消费者的职业、年龄、性别、爱好，结合茶文化精髓，可建立起独特的饮茶空间。如利用窗帘、吊灯、家具、植物、石、水等因素，营造出体现我国深厚茶文化与悠远意境的主题风格与整体环境。

（三）硬装饰与软装饰的结合

与其具体讨论硬装饰与软装饰里面的种类，本书更愿意讨论如何在设计搭配上利用硬装饰与软装饰，将茶室的设计风格表现出来。软装饰和硬装饰在茶室设计中体现出各自的优势，软装饰可以营造融洽的氛围，硬装饰能够划分空间功能，两者相结合，

才能充分体现出茶室设计的魅力。进行茶室软装饰设计时要采取一些方法与策略，要重视装饰的对称性，注意左右对称，让室内空间平衡、整齐；同时要重视软、硬装饰间协调的比例，让空间体现出较强的层次感。在不同软装饰间要实现和谐过渡，让彼此相互呼应。

在软、硬装饰结合使用时，应当要遵守相互融合、取长补短、统一和谐等基本原则。

1. 相互融合原则

硬装饰基础上的软装饰设计以其多元化的设计理念和多样化的设计元素获得消费者的喜爱。软装饰具有多元化、灵活可变的特点，可以为室内氛围和硬装饰增加更新颖、更丰富的内心与视觉感受，为难以转变的硬装饰环境提供新内容与新氛围。

2. 取长补短原则

软装饰因其可变性，既可以塑造、完善茶室环境，又能对硬装饰进行补充。如墙上的电箱影响美观，可以将与茶室设计风格类似的装饰画挂在电箱处，起到遮掩、修饰的作用。因此要全面了解与掌握软、硬装饰的优势，在茶室设计中遵守取长补短的原则，以融合为基本前提，全面体现软装饰的可变性与灵活性，进而设计出舒适、适用的品茶、休闲环境。另外借助软装饰设计，在满足饮茶者对茶室使用要求的同时，让茶室的环境具有清幽的氛围与和谐的感觉。如适当地选择花艺作品、熏合适的香料、挂和谐的字画、摆恰当的饰品和雕塑，可让看书、品茗的人处于安宁、沉静的氛围中。

3. 统一和谐原则

软、硬装饰在茶室设计时的统一规律和统一风格主要体现在色彩和谐、材料融合、风格统一等方面。开展硬装饰设计时，也要基本确定软装饰设计的风格。由于硬装饰设计是空间骨架，而软装饰属于血肉，只有赋予骨架血肉才能让设计变得鲜活、丰满并具有较强的生命力。在硬装饰所规划的茶室风格中，应实现色彩的统一与协调，架构方式的和谐一致，软、硬装饰风格的统一，时间与空间的统一，艺术元素与文化元素的统一，工艺与材料的协调等。例如东南亚风格的茶室，其软装饰通常选择下列元素：家具、椅子、茶桌都选择竹、木、藤等材质，配合具有丰富、艳丽色彩的棉布、麻布、丝绸，营造出清凉、惬意、柔软的品茶环境与氛围。

4. 硬装饰与软装饰在茶室设计上的优化组合

茶室设计要重视两者间的关系，就是在硬装饰基础上进行软装饰的优化设计，共同设计出体现人性化、舒适性、文化性的茶室空间。所以要以硬装饰为基础，通过软装饰在空间、色彩、风格、材料等方面进行优化、宽泛的组合设计。

（1）对茶室空间进行优化组合。通过软装饰优化硬装饰空间，是在不改变硬装饰的基础上，借助软装饰设计提升茶室空间的品质和使用功能的设计方式。软装饰能够分割茶室原有空间，不但可以增加空间层次感，也让空间更具流通性。例如当茶室大门与厅堂过于空旷时，可以使用中式镂空玄关。一方面玄关可改善茶室空间一览无余的情况，增加空间层次感；另一方面镂空设计能让两个空间具有视觉联系，提升空间流通感。中式镂空玄关虚实相生、若隐若现，符合中国传统精神，为茶室营造出悠远、宁静的氛围。另外，软装饰中应用最多的要素是家纺类产品，如地毯、窗帘等。在硬装饰环境中，天花板、墙体等方位的硬线条让空间显得空洞、冰冷，使用布艺等软装饰能够柔化线条，让茶室空间更加轻柔、温馨。

（2）对茶室色彩进行优化组合。让茶室软、硬装饰设计统一、和谐的最重要元素是色彩方面的优化组合，其是茶室设计视觉效果为品茗者带来的第一冲击力。色彩设计对营造环境氛围，突出空间主题具有重要的作用，通过对冷暖色调的巧妙搭配，能够构造出不同的情感色彩。茶室设计中地面、天花板、墙体、家具、灯具、陈设物等元素的色彩应遵循协调统一的原则。一方面应将多种要素的色彩控制在相似的色彩体系内，避免形成强烈的视觉矛盾和鲜明的色彩突兀；另一方面还应在统一中求变化，不可大片或重复使用单一色彩，避免造成视觉疲劳，给人以单调乏味之感。所以，软、硬装饰色彩方面的优化组合是和谐、优秀室内设计的关键性因素。例如以田园风格为基调设计的茶室，其硬装饰的主色调是绿色，软装饰也要选择相同色调，而不能用红、紫等热烈的颜色来搭配，否则不但难以发挥出烘托硬装饰设计的作用，也会破坏田园风格的基调。在田园风格的茶室设计中，在硬装饰所营造的生机盎然的淡绿色空间中，装饰画、沙发、茶桌都要选择淡绿色系。在茶室转角、窗台等处放置文竹、冬青、吊兰、水仙等植物，让茶室的色彩统一而和谐，营造出亲和、自然、温馨的品茶空间。此设计在色彩上运用纯粹、简洁的整体色调，是硬装饰和软装饰在色彩方面优化组合的成功案例。

（3）对茶室风格进行优化组合。优化组合硬装饰与软装饰的风格，可以营造和谐、统一的茶室氛围。风格的组合表现在造型、材料、色彩、空间等环节的和谐关系上，也表现了人的生活与休闲空间精神的协调与统一。目前，一些人在设计软装饰时，往往不注重茶室的整体风格，只以个人好恶为立足点对软装饰造型、图案、色彩进行选择，造成色调不协调、尺寸不合适的后果。设计中国传统风格的茶室硬装饰，一定要选择传统软装饰元素进行搭配，如博古架、陶瓷、字画等能体现出浓厚的文化氛围、统一协调的设计风格。总之，在进行茶室设计时也要兼顾软装饰与硬装饰的风格，让软、硬装饰统一设计风格。在装修茶室时不能畏首畏尾，而是要明确体现出独特的风格，向消费者展示其内在、外在美，这是在茶室装饰、装修时超越竞争者的重要方法。

（4）对茶室材料进行优化组合：在茶室材料运用方面，要全面分析软装饰和硬装饰两者的组合关系。在茶室设计中，我们提供了大量的装饰材料，如天然的石材、木材、竹、藤、茅草等，以及人工合成的纤维、织物、陶瓷、玻璃、金属等。如何巧妙地搭配好这些材料，从色彩上、造型上、质地上寻求变化与统一，使之服务于特定的环境氛围是设计师应考虑的问题。软装饰中不同材料所具有的纹理、色泽各不相同，所适用的环境氛围也有所区别。例如，木材具有丰富的自然纹理，色泽比较鲜明，在应用中能够起到柔和空间曲线的作用，给人以温暖之感；竹子则具有较好的抗拉、抗压性能，生长周期快，在我国南方地区应用广泛，我国自古就有称梅、兰、竹、菊为四君子的美誉，因此对竹子的恰当运用能够营造出高雅的文化气息；石材在软装饰中相对于木材则具有高档、时尚之感，特别是表面光滑、色泽光鲜的大理石、花岗岩等。此外，纤维等合成的人工织物例如窗帘、屏风、陈设物品等也可以通过相互搭配丰富空间层次、优化装饰效果。

软装饰材料可以柔化、补充、平衡硬装饰材料的生硬感、冰冷感，硬装饰材料在某种程度上影响软装饰材料的应用。要全面体现软装饰材料与硬装饰材料的组合效果，就要实现“软硬兼施”，共同完成整体、和谐的材料组合。例如木质桌椅配合木质地板，并配合挂毯、地毯等软装饰要素；油漆墙面则要和陶瓷、

玻璃、纸质、针织等软装饰材料相配合。目前，市场上装饰产品的种类特别多，所以茶室装修时选择的余地特别大，多类型产品、多样化材料可以提升茶室装饰效果，同时也可有效降低装饰雷同的现象。